KB261650

재생가능 에너지개발의 이해

조력발전 파력발전

과학나눔연구회 / **정해상** 편저

 일 진 사

머 리 말

조력과 파력발전에 관한 연구는 그 역사가 오래이지만 일반적인 실용화는 많은 과정을 거쳐 최근에 이르러서야 겨우 실용 단계에 들어섰다. 그 이유는, 물론 여타 재생 가능 에너지와 마찬가지로 입력이 저밀도이고 정상적(定常的)이지 못한 것이 원인이었다.

화석 에너지는 그것을 채굴하는 데 많은 비용이 들지만 고밀도이고 정상적인 변환에 적합하므로 결과적으로 코스트가 낮아 지금까지 이용되어 왔다. 그러나 지하자원은 생산지와 매장량에 한계가 있는 관계로 조만간 고갈을 면할 수 없을 것이며, 따라서 갈수록 가격은 상승할 것이므로 우리나라처럼 수입 의존도가 높은 나라에서는 경제적으로 어려운 국면에 처하게 될 것이 자명하다.

뿐만 아니라 화석 연료는 에너지 변환 과정에서 CO_2 등의 유해가스를 발생하여 대기를 오염시킨다. 그리고 원자력 발전은 대용량 발전에는 유리하지만 일단 사고나 재해가 발생한다면 그 피해가 너무 크다. 특히 우리나라처럼 좁은 땅덩어리에 많은 원자력 발전소를 밀집하여 건설하게 된다면 그만큼 위험에 대한 우려도 클 수밖에 없다.

이와 같은 여러 배경 때문에 EU 여러 나라들은 재생 가능 에너지를 기간 에너지원으로 하는 정책 변환을 시도하고 있다.

그리고 풍력발전으로 다진 개발 경험을 이제는 조력과 파력 및 태양광발전을 향해 전개해 나아가고 있다.

하지만 가장 선결문제는 과연 우리나라 연근해에, 혹은 연안에 조력발전으로 발전할 만한 적지가 얼마나 존재하느냐, 파력발전소를 건설할 만한 파력 파워가 얼마나 존재하느냐가 관건이다. 이와 관련하여 우리나라 해양조사원의 조사와 연구활동에 기대되는 바가 크다.

자원 이용의 측면에서뿐만 아니라 아름다운 자연을 보존하고 또 조화를 이루어 나가는 측면에서도 이제 재생 가능 에너지의 개발은 서둘러야 할 시대적 과제로 부상하고 있다. 특히 3면이 바다로 둘러싸인 우리나라로서는 풍력, 태양열, 조력, 파력 등 발전에 관한 깊이 있는 연구가 절실하다.

필자의 식견 부족으로, 그리고 이 분야에 관한 자료 부족으로 미비한 점이 많지만 앞으로 수정, 보완해 나갈 것을 다짐하며, 이 분야에 조금이라도 도움이 될까 하여 감히 책을 상재하게 되었다.

끝으로, 책을 엮는 과정에서 많은 격려와 조언을 아끼지 않으신 윤창주 박사에게 감사 드리며, 해양조사원의 변도성 박사, 한국수자원공사의 송의복 전문위원, 김준규 기술사에게도 깊이 감사 드린다.

편저자

Contents

제1장 해양(Ocean) 에너지

1.1 해양 에너지의 종류 ················· 12

1.2 조석(Tides) ················· 14

  1.2.1 조력발전의 원리 ················· 14

  1.2.2 에너지의 양과 파워 ················· 15

  1.2.3 세계의 조력에너지 ················· 18

  1.2.4 실적 예 ················· 20

1.3 해류·조류(Oceanic and Tidal Currents) ················· 22

  1.3.1 우리나라의 조류애너지 자원도 ················· 22

  1.3.2 해류·조류발전 시스템 ················· 31

1.4 파랑(Waves) ················· 33

1.5 해양 온도차 에너지(Ocean Thermal Energy) ················· 34

  1.5.1 온도차 에너지 ················· 34

  1.5.2 시스템의 기본 개념 ················· 34

1.6 염분 농도차(Salinity Difference) ················· 37

1.7 세계의 개발 상황 ················· 38

■ **조력발전**

제2장 조력발전의 기본 개념

2.1 서 론 ················· 42

2.2 바닷물의 흐름-해류 ················· 45

2.2.1 취송류·· 45

2.2.2 지형류··· 46

2.3 조력발전의 구분······································· **48**

2.3.1 조류 시스템(tidal system)····················· 48

2.3.2 방조제 방식·· 49

제3장 조류발전기

3.1 조류발전기 ··· 54

3.2 조류발전기의 기본형 ··································· 56

3.3 원통관형 조류발전 터빈 ······························ 61

3.4 원통관 터빈의 종류 ······································ 63

3.5 송전선 연결 ·· 64

3.5.1 장 점·· 64

3.5.2 단 점·· 65

제4장 조력발전 사례 연구

4.1 라랑스 방조제 조력발전소 ························· 68

4.2 세계의 주요 사례 ··· 70

4.3 방조제 조력발전 기술 ·································· 76

4.4 경제성 ·· 77

4.5 사회적 영향 ··· 78

4.6 환경적인 영향 ·· 79

4.7 스팅레이 조력 에너지 시스템의 전망 ··········· 80

4.8 조력발전 시설의 운전 ·································· 81

4.9 각국의 조력발전 계획 ·································· 83

4.10 우리나라 서해안에 친환경 조력발전소 러시 ············ 84

■ **파력발전**

제5장 파도의 에너지

5.1 파력발전 ·· 92

5.2 파도의 선형이론 ·· 95

5.3 바다의 파도 ·· 100

    5.3.1 파랑 데이터 정리법 ·································· 100

    5.3.2 대표파와 유의파 ···································· 102

    5.3.3 1회 관측 데이터의 통계적 성질 ··············· 103

    5.3.4 장기간의 통계적 성질 ························· 104

    5.3.5 파도의 스펙트럼 ································· 105

5.4 파도의 에너지 ·· 108

    5.4.1 규칙파의 에너지(Power of Regulatr Wave) ········ 108

    5.4.2 불규칙파의 에너지 ································· 109

    5.4.3 천수역에서의 불규칙파 파워 ···················· 111

    5.4.4 유한 진폭파의 에너지 ·························· 112

5.5 파력(波力) ·· 114

    5.5.1 파력의 종류 ····································· 114

    5.5.2 고립된 물체애 작용하는 파력 ················ 114

    5.5.3 불투과 벽체에 작용하는 파력 ················ 120

제6장 파력발전 시스템

6.1 파력발전 시스템 ··· 126

6.2 파력발전의 원리 ··· 128

6.3 전력 공급의 과제 ·· 133

6.4 진자식 파력발전 장치 ····································· 138

    6.4.1 진자(pendlum)식 파력발전 장치 ················ 138

    6.4.2 진자식 파력발전의 이론 ························ 142

6.5 동력 변환기구와 유압변속기 ···································· 152

6.6 발전기 ··· 157

6.7 해역의 환경대책 ·· 160

  6.7.1 바닷물에 의한 부식 방지와 기전력으로 인한 전기부식의 방지 ··· 160

  6.7.2 태풍 때의 이상 파랑에 대한 방어 ························ 162

  6.7.3 잠함, 진자, 유압펌프를 총합한 최적 결합 ·············· 164

  6.7.4 물보라 대책 ··· 167

6.8 설계 예 ·· 171

  6.8.1 250kW급 파력발전 장치 ································· 171

  6.8.2 250kW 진자식 파력발전 장치의 설계 ·················· 174

  6.8.3 정격 시방결정법과 결정 예 ···························· 175

6.9 진자식 파력발전 장치의 운전 성능 ·························· 184

6.10 해상 발전용(부체형)300kW 진자식 파력발전 장치 ·········· 195

6.11 파력발전 부이(Heave & Pitch Buoy) ······················ 198

6.12 각종 파력발전 시스템 ·· 200

  6.12.1 사상(蛇狀)부체형 : Pelamis ·························· 201

  6.12.2 McCabe Pump 해수 담수화 장치 ····················· 205

  6.12.3 해수 순환 장치 The Wave Plane ····················· 207

  6.12.4 해상 파력발전 장치 Wave Dragon ···················· 209

6.13 파력발전 시스템의 결론 ······································ 212

참고문헌 ··· 213

제7장 파력발전 잠함

7.1 수실과 잠함 ··· 218

7.2 OWC 발전 잠함 ·· 219

7.3 진자식 발전 잠함 ·· 221

  7.3.1 무로란공대의 실험 플랜트 잠함 ······················ 221

  7.3.2 안정조건 ··· 221

  7.3.3 진자식의 파력 실험 ···································· 227

7.3.4 개구 잠함의 파력 실험 ······························· 229

7.4 전자식 파력발전 잠함의 파력안정설계법 ······················ 232

제8장 획득한 에너지의 이용

8.1 에너지 획득지점 ····································· 236

8.2 전력 이외의 용도 ···································· 238

8.3 다기능 시설로서의 파력발전 ···························· 239

　8.3.1 항만 · 해안시설과의 복합 이용 ······················ 239

　8.3.2 다른 재생 가능 에너지와의 복합 이용 ·················· 240

8.4 시스템 설치의 환경영향과 다른 산업과의 경합 ················· 242

8.5 에너지 코스트 추정 ································· 245

　8.5.1 발전 코스트 ·································· 245

　8.5.2 토탈 코스트 ·································· 245

　8.5.3 계산 예 ····································· 246

8.6 실용화를 위한 과제와 적합지 선택 ························· 249

파력발전의 기술개발 연표 ······························ 251

제 **1** 장
해양(Ocean) 에너지

1.1 해양 에너지의 종류

바닷물(海水)이 갖는 에너지를 해양 에너지(Ocean Energy)라고 한다. 그러나 해양 에너지라고 해서 모두 같은 것은 아니다. 일반적으로 해양 에너지는 조석(潮汐), 조류, 파력(파랑), 온도차, 염분의 농도차 등 5종로 분류할 수 있다. 이 밖에도 해양 공간에서 얻을 수 있는 자연 에너지로는 해양의 풍력, 태양, 바다 속의 바이오매스 등의 에너지도 있으므로 이 모든 것을 종합하여 해양 에너지로 다루는 경우도 있다.

표 1.1은 5종류의 해양 에너지에 대하여 각각 그 특징과 발

표 1.1 해양 에너지의 종류와 특징

종　　류	에너지의 특징	발전 적합지
조　　석	해면의 주기적인 상하 유동, 즉 조석의 위치 에너지를 이용	간만의 차가 크고, 조수의 출입구가 좁은 만
해류·조류	해류는 지구 규모의 해수의 밀도나 바람의 분포에 따른 정상적인 흐름이고, 조류는 조석에 따른 수평한 주기적 흐름이다. 이 운동 에너지를 이용	유속이 빠른 만의 입구 또는 해협
파　　도	위치와 운동의 두 에너지로 이루어진다. 해양 파도의 대부분은 해상에 부는 바람에 의해서 일어나며, 에너지는 주기가 1~15초에 집중되어 있다.	연중 평균 파고가 크면서도 큰 파도는 없는 해역
온 도 차	바다 표면의 따스한 물과 해저 부근의 찬 물의 온도차 에너지를 이용하는 것	표면 수온이 높은 열대 해역
농 도 차	해수와 담수의 염분 농도차 에너지를 이용	염분 농도가 높은 바다로 흐르는 하구(河口)

전(發電)에 이용하는 경우 적합한 위치(位置)를 가려 본 것이다.

위에서 지적한 5종류의 해양 에너지 중에서 조석 에너지는 1966년 11월 프랑스의 랑스 조력발전소(출력 24만 kW)에서 처음 실용화되었고, 파력은 수십 kW급의 소규모 항로 표시용 브이의 에너지원으로 이용되다가 2000년에 영국이 낙도에서 수백 kW급의 실용기를 가동한 것이 큰 성과로 기록되고 있다. 조석과 조류 이외의 해양 에너지 이용은 아직 시험 연구 단계에 머무르고 있다.

1.2 조석(Tides)

조석은 지구와 달, 그리고 태양 등 다른 천체 간의 인력에 의해서 유기되는 해면의 주기적인 상하 운동을 지칭하고, 조류는 조석에 따른 해수의 수평 유동을 의미한다. 조석의 위치 에너지를 이용하여 발전하는 것이 조력(조석)발전이고, 조류의 운동 에너지를 전력으로 변환하여 이용하는 것이 조류발전이다. 즉, 현재 우리나라의 시화호에 건설하고 있는 발전소는 조력(조석)발전이고, 남해의 울돌목에 건설한 발전소는 조류발전이라 할 수 있다.

1.2.1 조력발전의 원리

조석의 에너지를 이용하는 조력발전의 구조는 다음과 같다 (그림 1.1 참조). 간만의 차가 큰 하구나 바다가 육지 깊숙이까지 들어온 만(embayment) 앞에 댐을 구축하여 수력발전 설비의 저수지에 해당하는 조수지(潮水池)를 건설한다. 만조위(high water level : HWL) 전에 가동 댐의 수문을 열어 밀려오는 바닷물을 유입시킨 다음 만조 때에 수문을 닫아 물을 가둔다. 그리하여 간조위(LWL)에 가까워지면 수차 터빈이 위치하는 방출구를 통하여 가둔 물을 바다로 방류한다. 이때 즉 방류할 때 수차 터빈이 회전함으로써 접속되어 있는 발전기를 가동하여 발전하게 된다. 바다에서 조수지로 유입할 때도 터빈을 돌려 발전하는 경우도 있다.

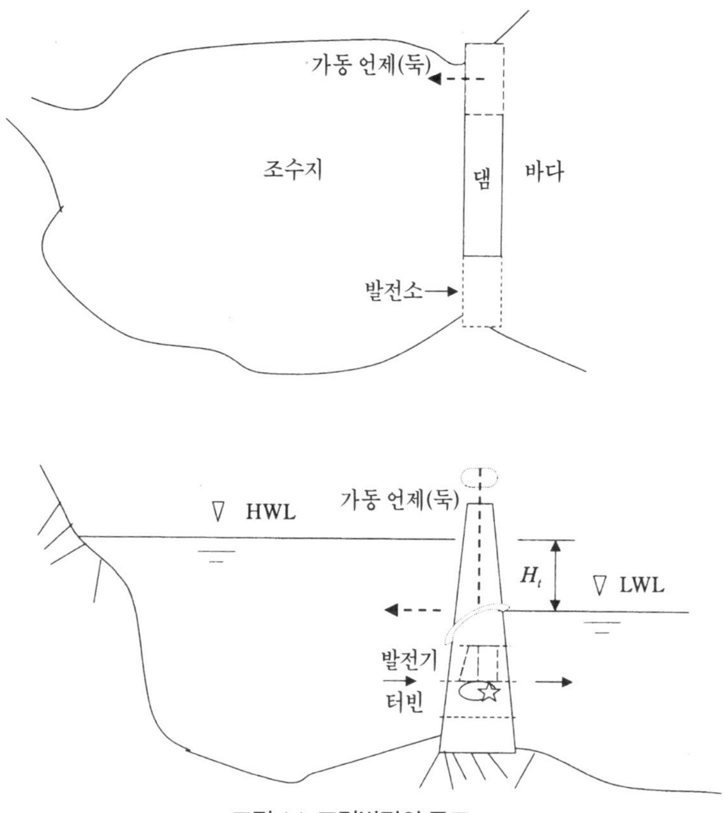

그림 1.1 조력발전의 구조

1.2.2 에너지의 양과 파워

질량 m, 낙차 h인 물체의 위치 에너지 양은 중력의 가속도를 g라 하여 mgh로 표시하고, 그 에너지로부터 획득하는 파워(공률)는 변환기의 운전시간을 T로 할 때 mgh/T가 된다.

조석 에너지를 이용하여 그림 1.1과 같은 조력발전소를 운용하는 경우 h는 0에서 조석차(潮汐差) H_t로까지 변화하는 사실에 유의하여 조수지 면적 F [m²], 방류시간 T_d [hr]라 하면 부존 에너지 양 E와 이론 평균 출력 P는 다음 식으로 구할

표1.2 조석의 최고 수위와 최저 수위 (1)

측정지점 : 인천
측정장치 : OTT(Scale : 1/20)
측정일자 : 461.0 cm below the Mean Sea Level

Latitude : N 37° 26′ 57″
Logitude : E 126° 35′ 39″

YEAR	Acme	Jan	Feb	Mar	Apr	May	Jun	Jul	Aug	Sep	Oct	Nov	Dec	Extreme	
														Date	Height
1999	Highest	916	878	914	922	936	934	928	929	911	941	949	909	24 – Nov	949
	Lowest	-33	-48	-57	-24	-38	-11	14	19	1	-11	-53	-41	22 – Mar	-57
2000	Highest	916	889	885	911	911	927	936	981	938	902	915	916	31 – Aug	981
	Lowest	-59	-35	6	-18	-20	-4	-13	-8	-4	-1	-14	-33	23 – Jan	-59
2001	Highest	900	920	895	898	907	922	950	988	942	940	894	917	21 – Aug	988
	Lowest	-21	-63	-45	-11	19	18	-14	-35	-38	-37	-21	-6	10 – Feb	-63
2002	Highest	904	925	923	936	913	907	930	954	984	946	953	917	08 – Sep	984
	Lowest	-50	-49	-66	-31	-4	38	31	-14	-43	-45	-40	-22	01 – Mar	-66
2003	Highest	876	903	908	926	932	938	920	927	945	980	951	921	27 – Oct	980
	Lowest	-14	-30	-30	-50	-4	0	39	4	-22	-26	-65	-33	25 – Nov	-65
2004	Highest	909	916	897	896	941	933	945	959	958	926	939	923	03 – Aug	959
	Lowest	-27	-17	-7	-41	-33	-14	5	0	-2	-24	-48	-36	15 – Nov	-48
2005	Highest	900	905	888	917	907	920	947	953	926	918	892	889	22 – Aug	953
	Lowest	-49	-58	-51	-16	11	9	-20	-20	-37	-22	11	-27	10 – Feb	-58
2006	Highest	911	897	915	932	892	888	932	965	955	974	953	930	09 – Oct	974
	Lowest	-33	-41	-57	-22	17	53	22	-28	-42	-26	-55	-1	01 – Mar	-57
2007	Highest	897	914	929	960	947	912	916	944	974	983	934	923	28 – Oct	983
	Lowest	-26	-48	-26	-27	3	36	25	-16	-41	-40	-31	2	19 – Feb	-48
2008	Highest	875	892	887	941	938	932	925	940		938	934	908	09 – Apr	941
	Lowest	-26	-37	-16	-28	-5	2	11	3		-17	-16	-35	23 – Feb	-37
2009	Highest	902	919											12 – Feb	919
	Lowest	-51	-30											13 – Jan	-51

측정지점 : 여수
측정장치 : OTT(Scale : 1/20)
측정일자 : 181.0 cm below the Mean Sea Level

Latitude : N 34° 43′ 39″
Logitude : E 127° 46′ 05″

YEAR	Acme	Jan	Feb	Mar	Apr	May	Jun	Jul	Aug	Sep	Oct	Nov	Dec	Extreme Date	Extreme Height
1989	Highest	363	372	372	380	384	372	361	396	385	359	358	364	18 – Aug	396
1989	Lowest	-4	-29	-46	-36	-10	8	26	26	14	0	7	4	09 – Mar	-46
1990	Highest	366	358	384	385	374	380	372	384	363	386	398	364	04 – Nov	398
1990	Lowest	-6	-16	-22	-22	-9	14	20	40	26	12	3	-24	02 – Dec	-24
1991	Highest	380	374	366	364	373	391	396	408	396	372	368	384	10 – Aug	408
1991	Lowest	-24	-23	-20	-14	2	12	8	30	27	16	4	-3	31 – Jan	-24
1992	Highest	382	382	366	366	368	370	403	400	391	380	356	362	31 – Jul	403
1992	Lowest	-30	-34	-22	4	19	12	-1	6	17	13	17	4	20 – Feb	-34
1993	Highest	380	380	368	370	378	377	386	401	388	381	382	354	20 – Aug	401
1993	Lowest	-12	-41	-38	-28	-2	28	20	8	2	-10	-1	-16	09 – Feb	-41
1994	Highest	373	366	372	387	386	378	374	372	380	380	381	370	26 – Apr	387
1994	Lowest	-10	-30	-42	-6	5	18	31	26	20	-4	-10	-26	28 – Mar	-42
1995	Highest	371	381	354	376	392	389	376	372	365	374	385	376	15 – May	392
1995	Lowest	-14	-10	-28	-12	4	4	-3	8	15	2	-29	-29	24 – Nov	-29
1996	Highest	384	358	350	356	370	382	390	397	374	360	364	356	29 – Aug	397
1996	Lowest	-20	-40	-17	-8	10	4	6	15	20	12	17	-3	20 – Feb	-40
1997	Highest	380	389	380	370	374	376	379	394	388	370	375	372	18 – Aug	394
1997	Lowest	-16	-25	-24	-20	-6	26	10	17	14	-17	-3	-4	09 – Feb	-25
1998	Highest	366	377	372	381	382	380	384	382	385	396	392	374	07 – Oct	396
1998	Lowest	-22	-24	-34	-16	6	34	47	30	14	6	-11	-9	29 – Mar	-34
1999	Highest	370	357	389	378	390	386	391	391	377	391	388	376	13 – Jul	391
1999	Lowest	2	-15	-10	-19	-5	7	34	40	32	13	-4	-16	17 – Apr	-19
2000	Highest	376	372	362	355	375	389	404	399	393	358	366	364	31 – Jul	404
2000	Lowest	-18	-9	0	-6	-10	-1	8	15	33	19	4	-22	12 – Dec	-22
2001	Highest	385	381	375	350	367	382	384	406	409	385	355	360	18 – Sep	409
2001	Lowest	-9	-33	-24	-3	19	20	6	25	18	14	-3	-1	10 – Feb	-33
2002	Highest	376	382	382	364	371	367	377	402	396		373	363	10 – Aug	402
2002	Lowest	-24	-33	-34	-13	19	49	41	29	21		-9	2	01 – Mar	-34
2003	Highest	351	366	366	380	383	387	374	379	396	376	373		12 – Sep	396
2003	Lowest	-2	-13	-23	-42	8	28	41	30	27	-4	-3		17 – Apr	-42
2004	Highest	361	348	346	358	372	372	392	389	368	360	356	364	03 – Jul	392
2004	Lowest	-1	-19	-19	-18	-5	5	32	24	24	4	-1	-12	22 – Feb	-19
2005	Highest	369	372	366	358	361	371	378	394	374	363	357	353	20 – Aug	394
2005	Lowest	-24	-24	-23	-5	14	21	11	19	9	6	15	14	12 – Jan	-24
2006	Highest	380	366	374	361	356	357	367	382	389	394	383	344	08 – Oct	394
2006	Lowest	-17	-31	-38	-6	29	39	40	16	12	14	-16	2	02 – Mar	-38
2007	Highest	347	368	367	373	379	374	367	379	377			364	17 – May	379
2007	Lowest	-12	-16	-20	-11	18	37	38	31	7			13	20 – Mar	-20
2008	Highest	348	343	340	373	371	387	378	372	378	375	379	369	04 – Jun	387
2008	Lowest	-8	-5	-15	-3	3	29	25	23	36	11	8	-12	09 – Mar	-15
2009	Highest	362	365											11 – Feb	365
2009	Lowest	-15	-12											12 – Jan	-15

수 있다.

$$E = \rho g F \int_0^{Ht} h\,dh = \frac{1}{2} \cdot 10.05 FH_t^2 = 5.03 FH_t^2 \,(kN \cdot m) \qquad \cdots\cdots\cdots\cdots (1.1)$$

$$P = \frac{1}{2}\rho g FH_t^2/T_d = 0.0014 FH_t^2/T_d \,(kW) \qquad \cdots\cdots\cdots\cdots (1.2)$$

여기서 P는 해수의 밀도이고 Pg는 해수의 단위 부피 중량인데, 보통은 1.025 (tf/m^3) =10.05 (kN/m^3) 이다. 또 각 수차터빈의 출력은 그것을 통과하는 유량을 Q (m^3/s) 라 할 때 다음 식으로 추정할 수 있다.

$$P_i = \rho g Q H\,(kW) \qquad \cdots\cdots\cdots\cdots\cdots\cdots (1.3)$$

식 (1.2)에 의해서 조력발전의 평균 출력은 H_t의 제곱 및 F에 비례한다. 조류발전소의 건설비 중에서 댐이 차지하는 비중이 크므로 발전소 건설 지점은 일반적으로 하구(河口)나 만안 지역 중에서도 입구가 좁은 지점에 건설하게 된다.

조력발전소의 운전방식에는 단동식과 복동식 및 3/2동식의 3가지 방식이 있다. 단동식(單動式)은 그림 1.1과 같이 조석의 1주기 동안에 조수지에서 바다로 방수할 때만 발전하는 방식이고, 복동식(複動式)은 방수할 때만 발전하는 것이 아니라 조수지로 유입할 때에도 발전하는 방식이다. 그리고 3/2동식은 조석의 2주기 사이에 발전기간이 3회 있는 방식이다. 또 조수지가 2개가 있는 경우도 있다.

1.2.3 세계의 조력에너지

조석의 진폭은 먼바다에서는 같지만 해안 가까이에서는 장소에 따라 큰 차이가 있다. 그리고 부존량을 추정하는 데에는 조석의 차 H_t와 조수지의 면적 F가 필요하다. 세계 전체의

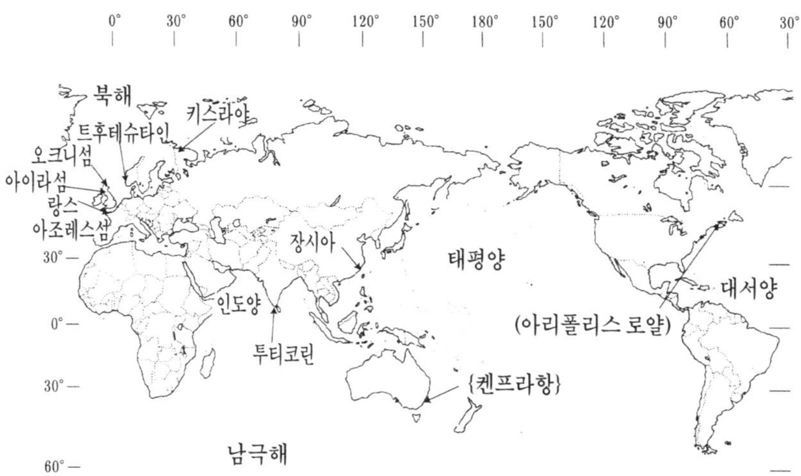

그림 1.2 세계의 해양에너지 실용지점
( )는 조석, { }는 파랑, [ ]는 OTEC

조석 에너지 부존량은 베른슈타인(Bernstein) 등에 의하면 3 TW로 추정되고 있다. 단, 이 중에서 파워가 크고 이용이 유망한 부존량은 약 800 GW로 추정된다.

현재 가동되고 있는 세계 주요 조력발전의 개요는 표 1.3과 같다.

표 1.3 세계의 주요 조력발전소

발전소명	완공년도	최대 조석차	조수지 면적	출력[kW]	터빈형식/수
Rance(프랑스)	1967	11.4 [m]	22 [km^2]	240,000	밸브/24
Annapolis Royal (캐나다)	1984	8.7	15	20,000	직류/1
장시아(중국)	1981	5.1	1.4	3,000	밸브/6
Kislaya(러시아)	1968	2.8	1.1	400	밸브/6

1.2.4 실적 예

프랑스의 랑스(Rance) 조력발전소는 도버해협으로 흘러드는 랑스강 하구에 길이 750m의 댐을 축조하여 1967년에 건설되었다(그림 1.3 참조). 1 조수지 복동식으로 건설되었고, 발전기 24대로 총출력 240MW를 발전하고 있다. 이 발전소는 해양 에너지 발전에 있어서 세계 최대 규모를 40년이 경과한 오늘날까지 유지하고 있다. 랑스발전소 이후에 건설된 주요 조

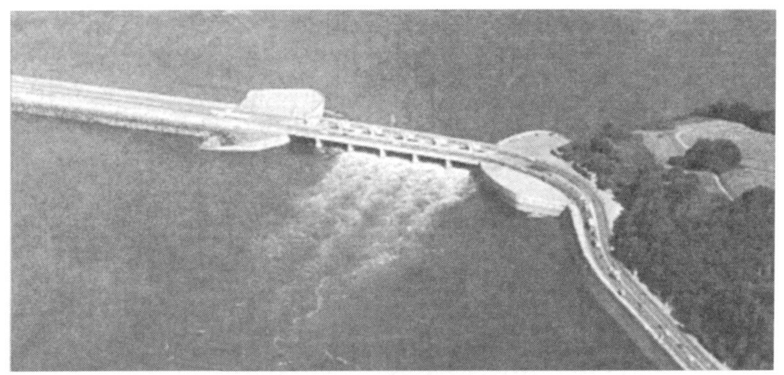

그림 1.3 프랑스의 랑스 조력발전소 (Electricite de France 제공)

그림 1.4 세계 최대 규모인 시화호 조력발전소의 완공 후의 모습

력발전소로는 러시아의 키스라야, 중국의 장시아(江夏), 캐나다의 아나폴리스(그림 1.5)가 있다. 우리나라에서는 오래 전부터 기로린만에 조력발전소를 건설하려는 계획이 검토되었으나 아직 실현되지 않았고 시화호에 건설 중인 조력 발전소(출력 254MW)는 2011년 준공을 목표로 하고 있다(그림 1.4).

그림 1.5 아나폴리스 로얄 (Annapolis Royal) 조력발전소

1.3 해류·조류(Oceanic and Tidal Currents)

바닷물의 흐름은 크게 해류와 조류로 나눌 수 있다. 해류는 지구 표면의 바닷물이 위도 등에 따라서 밀도가 다르기 때문에, 또 해상풍에 의해서 바닷물이 바람에 밀림으로써 발생하는 흐름으로, 위치적으로나 시간적으로 거의 일정한 흐름이다. 반면에 조류는 1.2절에서 설명한 바와 같이 조석에 의한 수평 방향의 주기적인 진동 흐름이다.

1.3.1 우리나라의 조류에너지 자원도

(1) 관측자료 기반 조류에너지 자원도

해양에서 이용 가능한 무공해 에너지 자원으로서 조석, 조류, 해류, 파랑. 해상풍, 수온차 등이 있지만, 그중에서 조석 현상이 우세한 우리나라 서·남해 연안에서 이용 가능한 해양에너지원 중의 하나가 조류이다. 해수의 위치에너지인 조차를 이용하는 조력발전과 달리, 조류발전은 해수의 흐름으로 터빈을 돌려 발전을 하므로, 대규모 건설이 필요 없다는 점에서 보다 친환경적이다. 또한 조류는 풍력과 달리 예측이 가능하고 해수의 밀도가 공기보다 약 800~1000배 더 크다는 점에서, 상대적으로 작은 수차를 사용하더라도 풍력보다 더 큰 에너지를 생산할 수 있는 이점이 있다.

국립해양조사원에서는 항해 안전과 조류예보정보 제공을 위해 서·남해 연안에서 15~30일 이상 관측된 337지점의 유속 자료들을 바탕으로 잠재적 에너지 양을 정량적

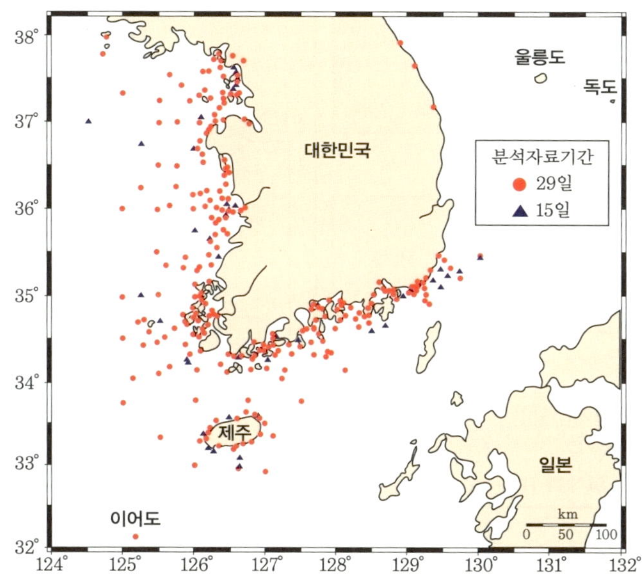

그림 1.6 15~30일 이상 연속적으로 관측한 조류 관측 지점

으로 추산한 바 있다. 이 결과는 우리나라 연안에서 조류 발전이 상대적으로 유리한 잠재적 발전 적지에 대한 기초 정보로 활용될 것으로 기대된다.(이 항의 모든 표 및 그림은 국립해양조사원에서 제공된 것이다.)

(2) 유속 자료 전처리

국립해양조사원은 현장 관측 자료가 갖고 있는 문제점(튀는 값, 결측)을 해결하여 분석에 필요한 자료를 생산하기 위하여 다음과 같은 전처리 과정을 거쳤다.

(가) 유속계로부터 10분 간격으로 관측된 유속(세기, 방향)을 자북 보정한 후 x와 y 방향의 유속성분 [Vobs2(u, v)]로 분리한 다음, 관측 시간을 확인하여 결측된 곳을 'NaN'으로 처리했다.

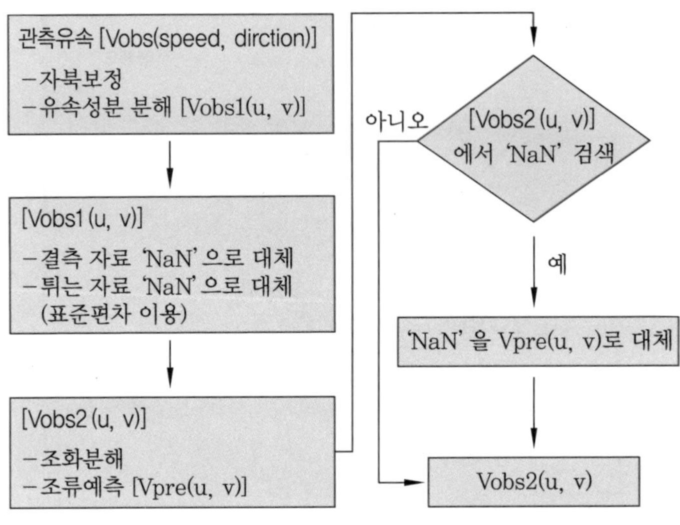

그림 1.7 유속 자료 전처리 과정 흐름도

※ 6분, 30분, 1시간 간격의 유속 관측자료도 일부 존재함.

(나) 관측기간 동안 x와 y 방향의 유속성분 Vobs1(u, v)에 대한 표준편차(σ)를 각각 구한 후, +3σ보다 크거나 −3σ보다 작은 범위(자료의 99.74%가 이 범위에 존재)에 속하는 유속들은 모두 'NaN'으로 처리했다. [Vobs2(u, v)]

(다) 이렇게 처리된 자료를 조화 분해한 후, 분조별 조화상수로부터 유속 u와 v에 대하여 각각 예측 조류 [Vpre(u, v)]를 산출하여 결측된 곳에 채워 넣어 무결측의 유속 자료를 생산했다 [Vobs3(u, v)]. 즉, 'NaN'으로 처리된 부분을 예측값으로 채워 넣어 인위적으로 무결측 자료를 만들었다(그림 1.7). 이러한 전처리 방법은 자료의 결측률이 상대적으로 적은 경우에 에너지 계산에 적용 가능한 방법이다.

(3) 관측값 기반 힘밀도 및 에너지밀도 추산

관측 유속으로부터 힘밀도와 에너지밀도를 추산하기 위하여, 먼저 전처리 과정을 거친 15일과 29일의 Vobs3(u, v) 유속 자료로부터 유속의 세기(Vsp)를 계산했다. 힘밀도(Pd), 월간 에너지밀도(EMd), 연간 에너지밀도(EAd)는 다음과 같이 계산할 수 있다.

여기서 ρ는 해수밀도(1,025kg/m^2), d_1=15일, d_2=29일, D, h, m은 각각 일, 시, 분을 나타내며, Δt는 관측 유속 간격이다.

- 힘밀도(power density)

$$P_c\,(W/m^2) = \frac{1}{2}\rho\,V_{sp}^3 \quad\cdots\cdots\cdots\cdots\cdots(1.4)$$

- 에너지밀도(energy density)

$$월간\ E_{Md}(Wh/m^2) = \frac{1}{n}\frac{d_2}{d_1}\sum_{D=1}^{d_1}\sum_{h=1}^{24}\sum_{m=1}^{n}\left[P_d\right]_{m,h,D},$$

$$i = 1\ 또는\ 2,\ n = \frac{60(\min)}{\Delta t(\min)} \quad\cdots\cdots\cdots (1.5)$$

$$주간\ E_{Ad}(Wh/m^2) = 365\left(\frac{E_{Md}}{d_2}\right)$$

$$또는\ E_{Ad}(kWh/m^2) = \frac{365}{10^3}\left(\frac{E_{Md}}{d_2}\right) \quad\cdots\cdots(1.6)$$

※ 힘과 에너지에 대한 개념은 실생활에서 사용하는 전력과 전력량으로 생각하면 이해하기 쉽다. 힘(전력)은 어느 순간에 측정되는 물리량인 반면에, 에너지(전력량)는 어느 특정 기간 동안에 측정된 값이므로, 힘(전력)은 단위시간당 에너지(전력량)라고 말할 수 있다. 에너지밀도는 단위면

적당 에너지이므로 해당 수도(수로)의 단면적을 곱하여 단순하게 조류에너지 부존량을 추산할 수 있다.

(4) 예측 기반 힘밀도 및 에너지밀도 추산

전처리 과정을 거친 15일과 29일의 x와 y 방향의 Vobs3 (u, v) 유속 자료를 각각 조류 조화 분해한 후, 그 결과로부터 관측 기간의 조류를 예측하였다. 예측된 조류의 세기(Vsb)를 계산한 후 식 (1.4)~(1.6)을 사용하여 시간에 따른 힘밀도와 에너지밀도를 계산하였다. 또한 추산된 에너지 분포에 대한 이해를 돕고자 관측 자료 분석기간 동안 x와 y 방향의 Vobs3(u, v)를 각각 평균한 후 유속의 세기인 평균유속을 계산하였다.

(5) 연간 에너지밀도

그림 1.8은 우리나라 서·남해안 연안의 총 345개 정점에서 관측된 유속 자료를 바탕으로 식 (1.6)으로부터 계산된 연간 에너지밀도를 한눈에 파악할 수 있도록 크게 5개 구간으로 분류하여 구간별 비율을 나타낸 것이다. 10MWh/m^2 이상의 큰 에너지밀도를 보인 곳은 전체에서 0.9%를 차지했으며, 비교적 높은 5~10MWh/m^2 범위에서는 2.7%, 3~5MWh/m^2 범위에서는 5%, 발전 가능성이 상대적으로 희박한 3MWh/m^2 이하는 전체의 91.4%를 차지한다.

계산된 연간 에너지밀도를 공간적으로 살펴보면, 전라남도 주변 해역에 5MWh/m^2 이상의 연간 에너지밀도를 가

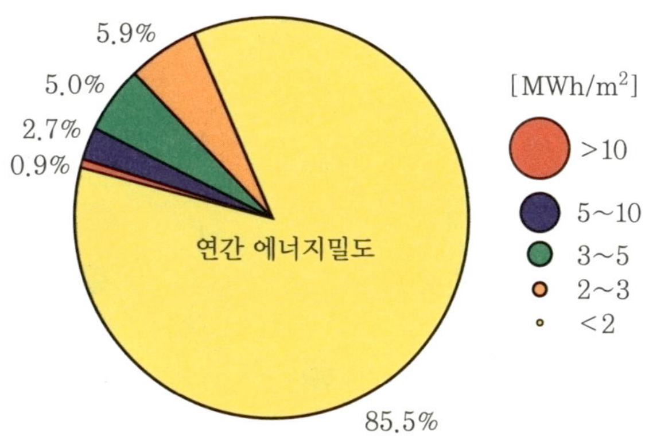

그림 1.8 연간 에너지밀도 구간별 비율

진 관측 정점이 10개소 존재하며, 3~5MWh/m^2 구간에서도 10개소의 관측 정점을 차지하는 등 다른 해역에 비해 상대적으로 큰 에너지밀도를 보인다. 우리나라의 전 연안을 통해서 에너지밀도가 가장 큰 곳은 2009년 5월 14일에 국내 처음으로 조류발전소가 완공된 전라남도 진도 울둘목의 협수로 부근으로, 추산된 연간 에너지밀도는 23MWh/m^{2}이다.

그 다음으로 에너지밀도가 큰 곳은 경기만에 위치한 교동수로로서, 추산된 연간 에너지밀도는 16MWh/m^{2}이다. 잠재적 조류발전 후보지로 평가받고 있는 전남 해역에 위치한 맹골수도와 장죽수도에서 추산된 연간 에너지밀도는 각각 15MWh/m^{2}와 8.8MWh/m^{2}이며, 이 두 수도 사이에 위치한 거차수도는 9.2MWh/m^{2}로 장죽수도보다 약간 더 큰 연간 에너지밀도를 보인 것으로 알려지고 있다. 경상남도에서는 유일하게 진주만 남쪽 입구에 위치한 대방수도에서 7MWh/m^{2}로 큰 연간 에너지밀도를 나타낸다(그림 1.9

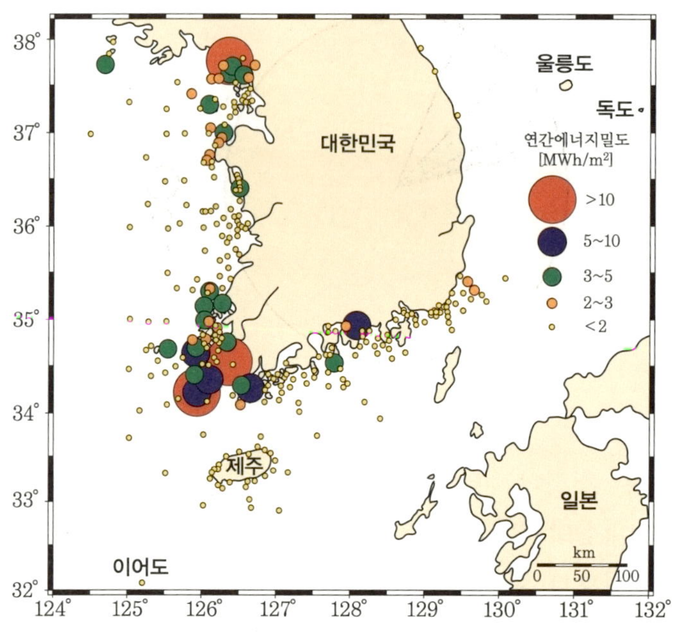

그림 1.9 관측 유속 자료를 바탕으로 추산한 연간 에너지밀도 분포

참조). 이렇게 큰 에너지밀도를 보인 곳은 일차적으로 조류에너지 발전 적지 대상이 될 수 있다.

현재 조류발전을 위한 최소 경제유속은 1m/s로 알려져 있지만, 최근 약한 흐름에서 발전 가능한 장치 개발도 활발히 이루어지고 있다. 2008년 미시간 대학교 연구진은 1m/s(2노트) 이하의 흐름에서도 에너지 변환이 가능한 VIVACE(Vortex Induced Vibrations for Aquatic Clean Energy)라는 장치를 개발하였으며, 현재 실용화 연구를 수행 중에 있다고 한다.

(6) 해역별 상세 연간 에너지밀도와 평균 유속

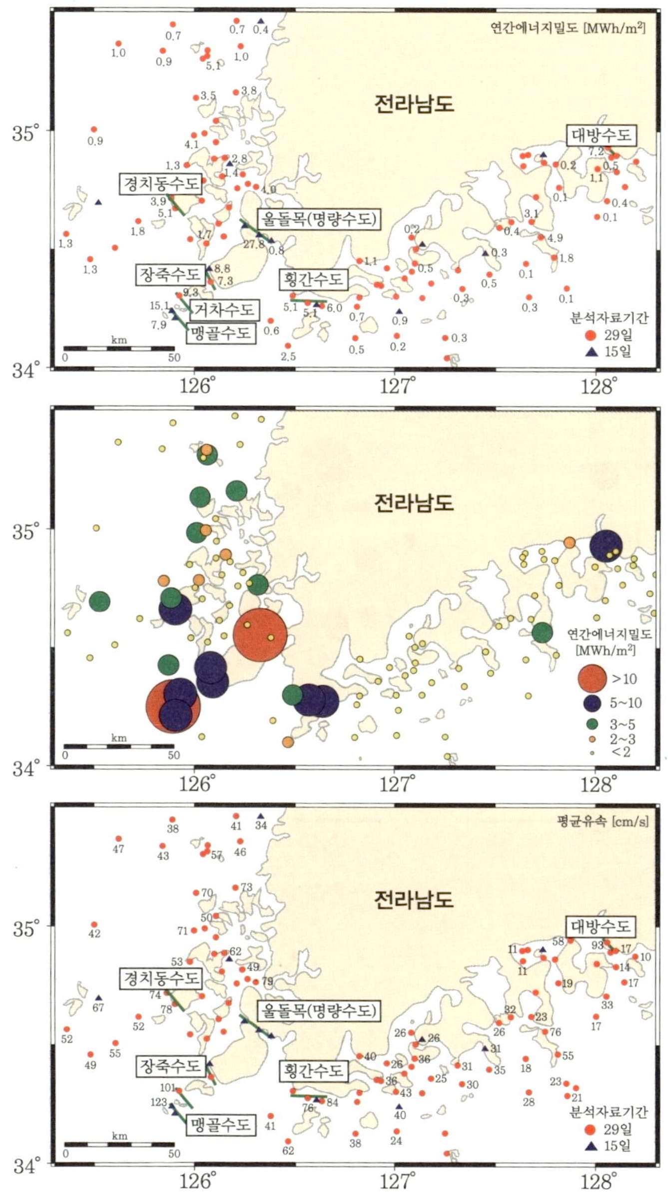

그림 1.10 전남 서·남해에서 추산된 연간 에너지밀도(a, b)와 평균 유속(c)

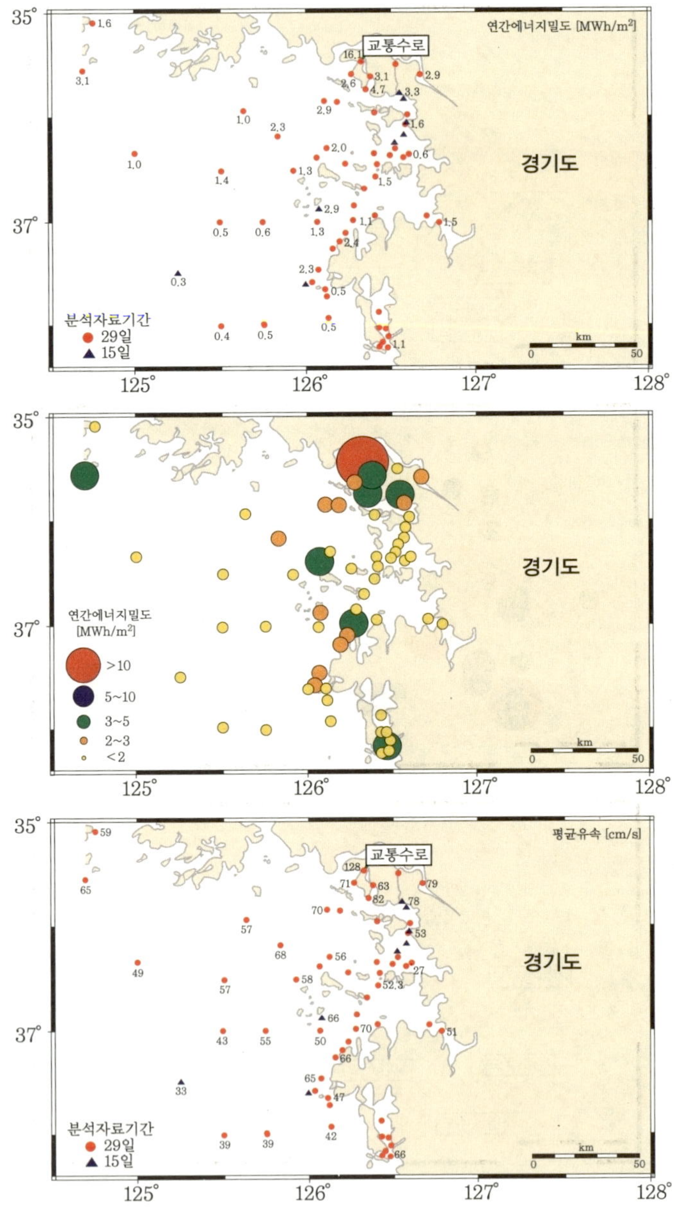

그림 1.11 경기·충남 해역에서 추산 된 연간 에너지밀도(a, b)와 평균 유속(c)

1.3.2 해류·조류발전 시스템

해류·조류 에너지의 변환 시스템은 대별하여 터빈의 회전운동에 의한 것, 비회전운동에 의한 것 및 전자기 유체 발전으로 분류된다. 그림 1.12는 이 중에서 대표적인 방식을 보인 것이다.

세계적인 대규모 해류로 알려진 구로시오(Kuroshio), 오야시오(Oyashio) 및 가르프스트림 등은 막대한 에너지를 가지고 있기는 하지만 외양(外洋)에서의 에너지 밀도가 낮아 실용성이 약하다.

해수의 운동 에너지를 이용하는 해류·조류발전은 원리는 간단하지만 이제까지 실용화되지 못했다. 그 이유는 간단하다. 해류의 경우 퍼텐셜은 크지만 외해(外海)를 흐르고 있으며 강력한 파력(波力)에 대응하여 구조물을 안정적으로 유지하려면 대형 시설이 불가피하여 발전 코스트가 높기 때문이다. 파도가 작은 내해나 연안에서는 에너지가 작지만 조석의 차가 큰 목이나 해협에서는 조류가 큰 지점이 있으며, 우리나라 남해안의 울돌목은 그 좋은 예라 하겠다.

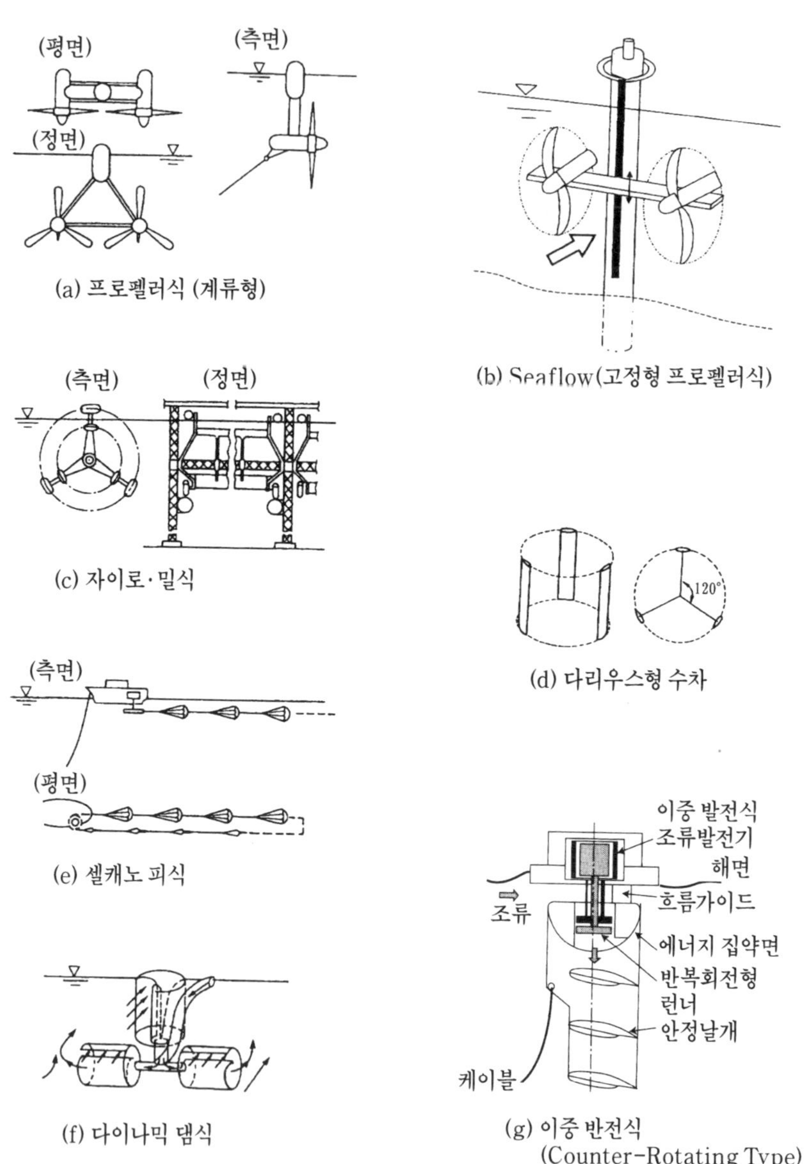

그림 1. 12 해류·조류발전 시스템의 여러 예

1.4 파랑(Waves)

　물에서 일어나는 파도는 수면을 가진 물에 어떠한 힘을 작용시킴으로써 발생한다. 바다에서 일어나는 대부분의 파도는 바다 위를 부는 바람의 힘에 의해서 일어난 파도로, 풍력이 응집된 에너지이다.

　지구 표면의 70 %는 바다이므로 파력(波力) 전체의 강도는 약 5 TW로 막대하다. 바다의 파도의 에너지를 이용하고자 하는 시도는 많은 나라들이 연구하고 있으며, 특히 1973년 석유파동 이후 활발한 기술 개발이 진행되고 있다. 하지만 수십 W급의 항로 표시용 부이의 등원(燈源)으로 쓰이는 공기 터빈을 제외한다면 경제성이 낮은 관계로 상용 전력으로 실용화되지 못했다. 최근에 와서 영국과 포르투갈에서 500 kW급의 실용 실험이 실시되었다.

그림 1.13 항로를 표시하기 위한 부이(왼쪽)와 이 부이에 설치된 조류발전터빈(오른쪽) 발전기. 전력은 60W이다.

1.5 해양온도차 에너지(Ocean Thermal Energy)

해양 온도차 발전(OTEC)은 바다 표면의 물과 해저 부근 물의 수온차를 이용하여 발전하는 것이다. 이 원리는 프랑스의 달슨발(dArsonval)이 1881년에 제안하였고, 그 후에 크로드가 1930년에 현지 시험을 하여 실증한 바 있다. 다른 해양 에너지와는 달리 정상적인 대출력이 가능한 것이 특징이다. 현재는 현지 시험단계에 있으므로 실용화가 기대된다.

1.5.1 온도차 에너지

표면 수온 T [$^{\circ}$K] , 비열 C [J/g·$^{\circ}$K] 의 바닷물이 그보다 $\varDelta T$ [$^{\circ}$K] 의 온도차가 있는 찬물과의 사이에 발생하는 에너지를 수두(水頭) he로 표현하면 환산 수두 $C \cdot \varDelta T/g$에 카르노효율(Carnot efficiency) $\varDelta T/T$를 곱하여 다음 식으로 얻을 수 있다.

$$he = C \cdot \varDelta T^2 / gT \quad\quad\quad (1.\ 7)$$

여기서 g는 중력 가속도이다.

1.5.2 시스템의 기본 개념

그림 1.14에 보인 기본 개념도에 따라 이 원리를 설명하기로 한다. OTEC는 증발기, 터빈, 응축기, 동작 유체 펌프, 온해수 펌프, 냉해수 펌프로 구성되며, 커다란 파이프로 연결되어 있다. 증발기 속에는 작동유체(암모니아 혹은 플론(flon) 22)가 들어 있으며, 그것을 온해수로 데워서 증발시킨다. 이 암모니아 증기가 증발기를 통하여 터빈에 들어가면 터빈을 회전시켜 발전기

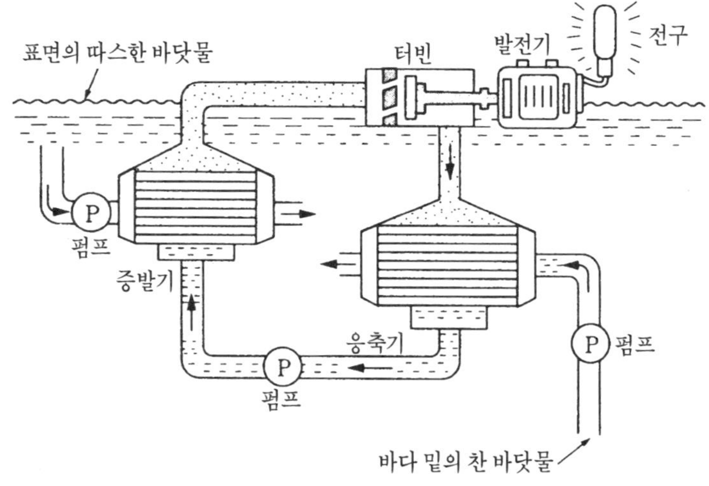

그림 1.14 해양 온도차 발전의 개념도

로 전기를 생산한다. 터빈을 거쳐 나온 암모니아 증기는 찬 바닷물이 통하고 있는 응축기에 의해서 냉각되어 액체로 돌아간다. 이 암모니아 액체는 작동 유체 펌프에 의해서 다시 증발기로 돌아간다.

위의 동작 과정에서 동작 유체는 시스템 속에 가두어져 있으므로 이를 클로스(closed) 사이클이라 하고, 반면에 작동 유체가 바다에 방출되는 발전 시스템은 오픈(open) 사이클이라고 한다.

일본 사카(佐賀)대학 팀은 클로스 사이클의 일종으로 암모니아와 물의 혼합 유체를 작동 유체로 사용한 코스트가 낮은 '우에하라 사이클'이라는 것을 개발하였다.

OTEC의 운전에는 온수, 냉수 및 작동 유체의 펌프 동력, 각각 P_{WS}, P_{CS}, P_{WF}가 필요하다. 따라서 발전출력 P_G의 경우 알짜 발전전력 P_N은

$$P_N = P_G - (P_{WS} + P_{CS} + P_{WF}) \quad \cdots\cdots\cdots\cdots\cdots\cdots\cdots\cdots\cdots (1.8)$$

이다. 이 때문에 OTEC는 출력이 클수록 코스트는 낮아지게 된다.

1.6 염분 농도차(Salinity Difference)

바닷물은 약 35%의 염분을 함유하고 있다. 담수와의 이 염분 농도차는 에너지로 환산하면 약 240 m의 수두차에 상당한 막대한 화학 퍼텐셜이 있다. 이 에너지를 이용한 농도차 발전의 방법으로는

(가) 담수는 통과하지만 염수는 통과하지 못하는 반투막을 양쪽 수역 중간에 설치하고, 그 수두차를 이용한 수력발전을 한다(그림 1.15 참조).

(나) 이온 교환막을 이용하여 농도차 에너지를 직접 전기 에너지로 이끌어낸다.

등이 있다. 그러나 이 모든 방법은 아직은 실험실에서의 연구 단계에 머물러 있을 뿐 실용화에는 이르지 못하고 있다.

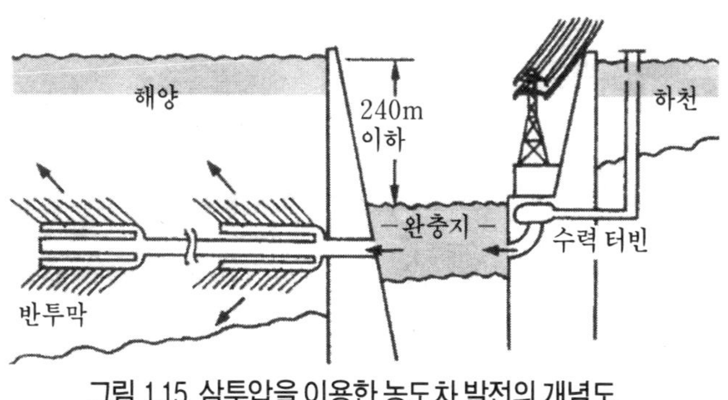

그림 1.15 삼투압을 이용한 농도차 발전의 개념도

1.7 세계의 개발 상황

전 세계의 해양 에너지 이용 가능 추정량은 표 1.4와 같다. 지리적으로 보면 온도차는 당연히 적도 주변 해역이 강하고, 조석과 해조류 에너지는 북반구의 높은 위도 해역이 강한 편이다. 그리고 파랑은 북반구의 중위도와 남반구의 남극해 주변 해역이 강하다. 해양 에너지 전체로서는 지구상의 전 해역에 균형있게 분포되어 있다고 할 수 있다.

상술한 바와 같이 해양 에너지 중에서 현재 실용화되고 있는 것은 조력 즉 조석과 조류, 그리고 파랑의 3종이다. 이 중에서 조력발전은 1967년에 완성된 프랑스의 랑스 발전소를 비롯하여 세계적으로는 이미 10여 개소에서 발전을 하고 있다. 아직 완공에는 이르지 못하였지만 우리나라에서도 여러 곳에 조력발전소가 건설 혹은 설계 중에 있다.

표 1.4 각종 해양 에너지의 이용 가능량

종 류	이용 가능량 [GW]	추정자/발표연도	비 고
조 석	3000	Bernshtein / 1994	이 중에서 800은 가능성 크다
흐 름	50	Wick & Schmit / 1978	
파 랑	2700	Brine / 1981	
해양열	2000	Brine / 1981	
농도차	2600	Brine / 1981	

조력발전

제 2 장

조력발전의 기본 개념

2.1 서 론

지구상에서 일어나는 온갖 현상 가운데 확실하게 예측할 수 있는 것이 있다면 그것은 조수가 들고 나는 현상일 것이다. 바람이나 태양처럼 예측과 확신이 뒷받침되지 않는 다른 에너지 자원에 비하여, 조수는 분명히 유리한 재활용 에너지를 제공한다. 영국은 자국이 소비하는 전력의 약 10%를 조력에서 구할 수 있다고 한다.

조석 현상은 달과 태양의 인력, 그리고 지구의 자전에 의해 일어난다. 즉, 조력은 지구와 태양과 달의 연관된 운동에 의한 중력 때문에 발생하며, 이 중력은 지구가 회전하는 힘과 동반하여 바다의 수면이 주기적으로 오르고 내리도록 하고, 수면이 오르내리는 이러한 과정에서 조류(潮流)가 발생한다. 지구상의 특정한 지점에서 조류운동이 두드러지게 일어나는 이유는 지구에 대한 달과 태양의 상대적 위치 관계와 그 지역의 해저 지형 및 해안선과 관계가 있다.

그림 2.1은 달과 태양이 지구상의 조석에 작용하는 중력이 어떠한지 보여준다. 중력의 규모는 물체의 질량과 서로 떨어진 거리에 따라 달라진다. 달은 태양보다 훨씬 가깝기 때문에 태양보다 질량이 매우 작지만 큰 영향을 미친다.

달의 중력은 달에 대해 직향(直向)하는 축을 따라 해면이 불어나게 하고, 지구의 자전은 조석이 들고 나게 만든다. 해와 달이 나란히 있게 되면 중력은 서로 합쳐져 대조(大潮)가 일어나게 한다. 달과 태양이 90도 각도에 있다면 중력이 각기 다

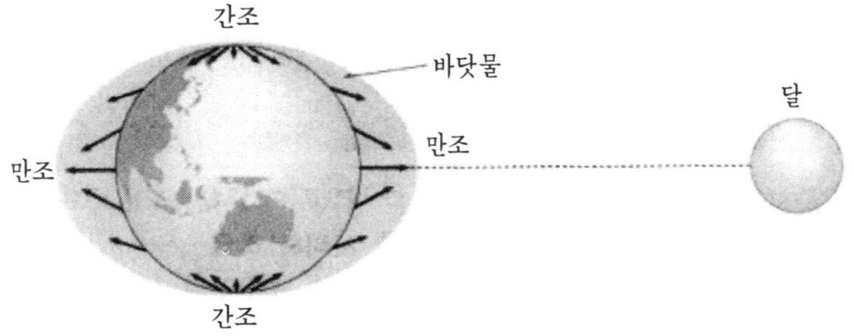

그림 2.1 태양과 달이 조력에 미치는 규모를 나타낸다

른 방향에서 작용하므로 소조(小潮)가 된다.

달의 공전 주기는 약 4주일이다. 반면에 지구는 1회전 하는데 24시간이 걸리므로 조석의 주기는 12.5 시간이 된다. 이러한 조석 현상은 간단히 예측되므로, 이것은 조력 에너지를 이용하면 주기적으로 일정한 시간에 전력을 생산할 수 있음을 의미한다. 이러한 주기적 발전은 환경에 큰 영향을 주는 화석이나 핵연료와 같은 형태의 발전과 대체하도록 할 수 있다. 그러나 이것은 유해한 발전 방식을 대신하여 전력 수요를 완전하게 공급할 수 없다는 점을 중요한 전제조건으로 해야 하는 재활용에너지이다.

조력발전은 이와 같은 현상을 이용하여 에너지를 얻는 것이다. 조수 간만의 차가 크거나 조류의 유속이 빨라 강한 조류가 흐르게 되면 보다 큰 조석 에너지를 얻을 수 있다.

또 조석 운동은 해안선을 따라 자연적으로 제한 작용을 하여 지구와 달 사이에 일어나는 에너지를 끊임없이 감소시키고 있다. 그러한 에너지 감소에 의해 지구가 탄생한 이후 45억 년 동안 지구의 자전 주기는 17시간에서 지금의 약 24시간으로 변화하였으며, 그 결과 지구의 회전력은 탄생 초기에 비해 절반 이하가 되었다. 조력은 회전 속도의 감속률이 증가함에 따라 추가적인 에너지를 얻고 있다.

〈**토막상식**〉

● **조석**

해변에서 하루에 두 번씩 바닷물이 주기적으로 밀려왔다 밀려가는 현상을 조석이라고 한다.

조석 현상을 일으키는 힘을 기조력이라고 하며, 기조력은 지구와 달 사이에 작용하는 인력(차등 중력)과 그 반대 방향으로 쏠리는 힘(원심력)에 의한 것이다.

어떤 천체가 지구에 미치는 기조력의 크기는 그 천체의 질량에 비례하고, 거리의 세제곱에 반비례한다. 따라서 질량이 큰 달보다 거리가 훨씬 멀기 때문에 지구에 미치는 기조력은 달에 비해 1/2 정도에 불과하다.

● **만조와 간조**

바닷물이 밀려와서 해수면이 가장 높아졌을 때를 만조(밀물)라 하고, 바닷물이 밀려나가 해수면이 가장 낮아졌을 때를 간조(썰물)라고 한다.

만조에서 다음의 만조, 간조에서 다음 간조까지의 시간을 조석 주기라고 하며 약 12시간 25분이 걸린다. 따라서 만조와 간조는 각각 하루에 2회 정도씩 일어나며, 매일 50분 가량 늦어진다.

2.2 바닷물의 흐름-해류

바닷물의 운동은 크게 수직적 운동과 수평적 운동으로 나누어 생각할 수 있다. 또한 바닷물의 운동은 공간적 규모나 시간적 규모로 나누어 생각할 수도 있다. 이러한 운동을 일으키는 원인은 내부와 외부로 나누는데, 내부 원인으로는 해수의 압력, 마찰력 등이 있고, 외부 원인으로는 바람에 의한 마찰력, 달과 태양 등에 의한 기조력, 바닷물의 압력 차이 등이 있다.

일반적으로 바닷물의 흐름은 해류라 표현하고, 이것을 다시 흐름을 일으키는 원인에 따라 조류·취송류·지형류 등으로 표현한다. 해류는 특성상 방향성과 속도를 가지고 있으며, 이러한 해류를 관측하기 위한 해류 관측방법은 바닷물 위에 떠 있는 부유 물질의 이동을 눈으로 관측하는 초기 방법에서부터 점차 발전하여 고정된 지점에서 프로펠러와 나침반이 장치되어 있는 유속계를 활용한 관측으로 발전하였고, 요즘에는 위성과 ADCP(도플러 원리를 이용한 관측장비), 레이더, 해양 관측 뜰개 등을 이용한 첨단기법의 해류 관측이 활발하게 이루어지고 있다.

2.2.1 취송류

바다 위에 바람이 불면 파랑과 해류가 동시에 발생된다. 파랑은 바다 표면이 위아래로 움직이는 것을 의미하고, 해류는 일정한 방향으로 바닷물이 밀려가는 것을 의미한다. 일반적으

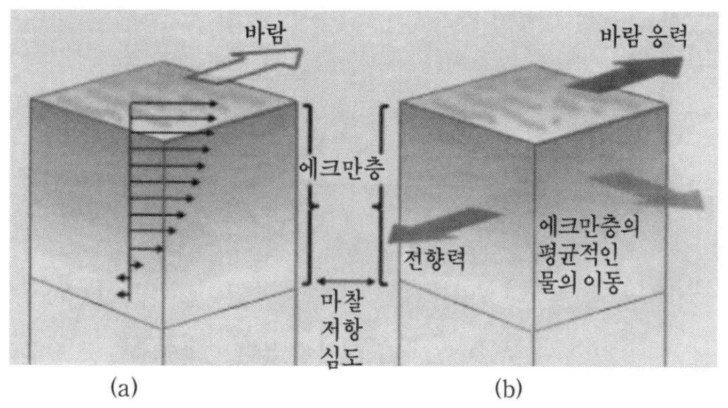

그림 2.2 취송류 발생 모식도

로 바람에 의해 생긴 해류를 풍성해류 또는 취송류라고 표현한다.

취송류는 바람의 세기, 방향, 지속 시간 등에 의해 결정되며, 북반구에서의 경우, 바람의 진행 방향에서 오른쪽으로 45°치우치며(남반구에서는 그 반대), 그 속도는 바람의 변형력, 밀도, 소용돌이 점성계수, 지구 자전의 각속도, 위도 등에 의해 결정된다. 속도는 일반적으로 풍속의 2~4%이고, 해면 근처에서 가장 강하다. 그리고 밑으로 내려갈수록 약화되고, 200 m 정도의 깊이에서는 거의 없어지는 것이 일반적이다.

2.2.2 지형류

수압의 차이에 의해서 생기는 수압 경도력과 지구 자전에 의한 전향력이 평형을 이루며 흘러가는 해류를 지형류라 한다.

세계의 주요 해류들은 대양의 중심부로 밀도가 낮은 고온의 해수를 모으는데, 그 결과 중심부의 수면이 상승하게 된다. 이 경우 내부의 수압에 의한 기울기가 생겨서, 수면이 높은 곳에서 낮은 곳으로 수압 경도력이 작용한다. 처음에 수압 경도력의 방향으로 움직이기 시작한 해수는 전향력에 의해서 오른쪽으로 편향되어 수압 경도력과 전향력이 평형을 이룰 때까지 방향이 변한다. 그래서 수압 경도력의 오른쪽 직각 방향으로 흐르게 된다.

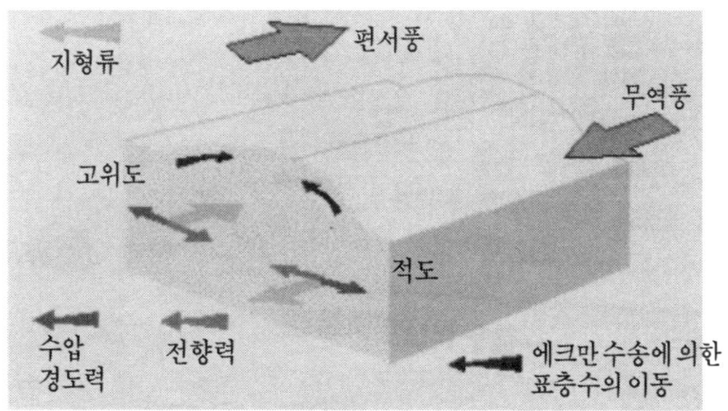

그림 2.3 지형류 발생 모식도 (자료 : 한국해양조사원)

2.3 조력발전의 구분

조력발전은 크게 조류 시스템과 방조제 방식의 두 가지 형태로 나눌 수 있다.

2.3.1 조류 시스템 (tidal system)

이 방식은 마치 바람이 풍차를 회전시키는 것과 마찬가지로 해류(海流)가 흐르는 동력으로 발전기의 터빈을 돌리는 것이다. 이 방법은 방조제(防潮堤 ; barrage)를 설치하는 방법에 비해 비용이 적게 들고 환경에 미치는 영향이 적기 때문에 대중성을 얻고 있다.

동서발전(주)가 한국해양연구원과 공동으로 조류 에너지 실용화 기술개발 사업을 추진, 전남 해남·진도의 울돌목에 건설 중인 10MW급 조력발전소가 이에 속한다고 할 수 있다.

조류발전은 댐 설치가 불필요하고 밀물과 썰물 때 좁은 수로를 따라 흐르는 물살을 이용해 수차를 돌리는 무한 청정 발전 방식이다. 조선 중기 이순신 장군의 명량해전으로 유명한 울돌목은 세계에서 다섯 번째로 물살이 빨라 천혜의 입지를 갖췄다. 동서발전(주)는 2013년까지 울돌목에 50MW급의 상용 조류발전소를 우선 건설한 뒤, 인근 맹골도와 장죽수도에 150MW와 250MW급의 조류발전소를 건설하는 등, 2015년까지 450MW의 조류발전을 개발할 계획인 것으로 알려지고 있다.

이 계획이 실현된다면 조류발전을 통해서만 20만 가구의

그림 2.4 동서발전(주)가 울돌목에 설치해 시험 운영하고 있는 조류발전소
(사진 : 2009년 4월 28일 조선일보)

도시에 기후와 상관 없이 전력을 공급할 수 있다. 또 연간 180
만 배럴의 원유 수입 대체 효과와 70만 톤의 이산화탄소 배출
저감 효과도 기대된다.

2.3.2 방조제 방식

이 방식은 방조제 안과 밖의 조고(潮高) 차이에 따른 위치
에너지를 이용하는 것이다. 방조제 건설과 기관 설비에 막대
한 비용이 들고, 제방을 건설할 수 있는 장소도 지구상에서
제한적이며, 환경 문제도 발생한다. 현재 시화호에 건설하고 있
는 조력발전소는 이 방조제 방식에 의하고 있다.

오늘날의 발전된 터빈 제조 기술은 결국 바다로부터 특히

그림 2.5 시화호에 건설 중인 조력발전소

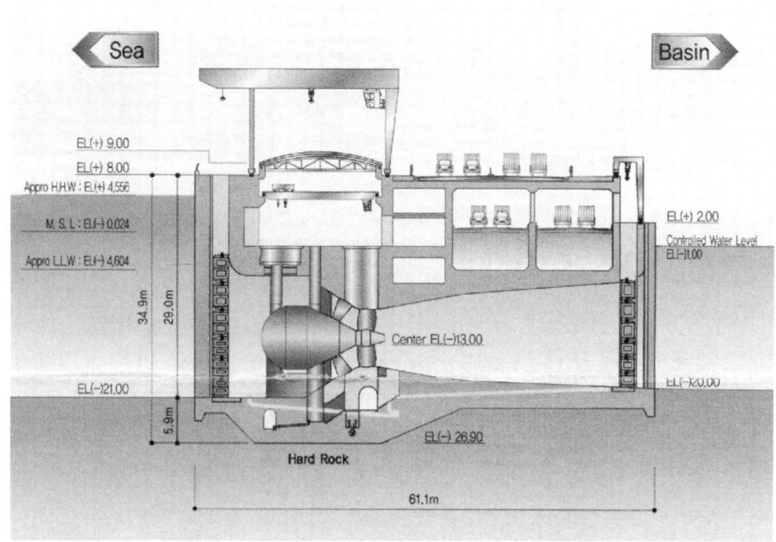

그림 2.6 조력발전소의 구조도(자료 출처 : 시화호 조력발전소 홍보실)

조류 시스템을 디자인하여 막대한 에너지 획득을 시도하고 있다. 조류 시스템 터빈은 자연 지형에 의해 조류의 유속이 빠른, 예를 들면, 캐나다의 동서 해안과 지브롤터 해협, 보스포루스 해협, 그리고 동남 아시아와 오스트레일리아의 여러 지역에 집중적으로 설치될 전망이다. 그러한 곳의 대부분은 만(灣)이나 강의 입구 또는 해수의 흐름이 집중되는 육지 사이 등이다.

제 **3** 장

조류발전기

3.1 조류발전기

새로운 조류발전기 기술은 풍력 터빈과 매우 닮은 방법을 이용하여 조류로부터 에너지를 얻는다. 물의 밀도는 공기보다 8.32배에 이르며, 이는 풍속에 비해 훨씬 낮은 저속 조류 속에서라도 상당한 에너지를 생산할 수 있음을 의미한다.

조류발전 터빈은 풍력발전과 마찬가지로 설치하는 장소가 중요하다. 또 조류발전 시스템은 자연적으로 유속이 빠른 곳에 설치해야 하므로 세계적으로 잘 알려진 대표적인 곳은 만이나 강의 입구, 암초 지대, 육지가 튀어나온 갑(岬), 섬과 섬 또는 섬과 육지 사이처럼 제한적이다. 세계적으로 유력한 조류발전 후보지를 들면 다음과 같다.

- 스코틀랜드의 펜틀랜드(Pentland Firth)
- 영국의 채널 제도와 펨브로커셔
  (Channel Islands and Pembrokeshire)
- 뉴질랜드의 쿡 해협(Cook Strait)
- 지브롤터 해협
- 터키의 보스포루스(Bosporus)
- 오스트레일리아의 배스 해협
- 오스트레일리아의 토레스 해협(Torres Strait)
- 인도네시아와 싱가포르 사이의 말라카 해협
- 캐나다의 펀디 만(Bay of Fundy)
- 뉴욕의 이스트 강(East River)
- 캐나다의 벤쿠버 섬(Vancouver Island)

  ● 칠레 남쪽 마젤란 해협

   (Strait of Magellan south of mainland)

  ● 샌프란시스코의 골든게이트

  ● 뉴햄프셔의 피스카타콰 강(Piscataqua River)

등을 들 수 있다.

3.2 조류발전기의 기본형

방조제 조력발전에 이용되는 터빈은 몇 가지 종류가 있다. 그중 하나인 벌브 터빈(bulb turbine)은 터빈 주변으로 물이 흐른다. 보수 문제가 발생했을 때는 수류를 중단시켜야 하는 것이 문제이고, 이때 발전 시간 손실이 따른다. 림 터빈(rim turbine)을 이용하면 발전기가 터빈 날개와 직각으로 장착되어 있어 보수가 용이하다. 그러나 이 형식의 터빈은 양수(揚水) 기능에 부적합하고 성능을 조절하기 어렵다. 영국에서는 대부분 튜뷸러 터빈(tubular turbine)을 선호해 왔다. '더 시베른 에스투아리'에서는 터빈을 경사진 긴 축에 연결하고 있어, 발전기가 방조제 위에 놓여 있다. 방조제가 미치는 환경과 생태적 영향 문제는 불확실한 상태이며, 세계적으로 몇 개의 발전소가 상업적으로 가동 중인데, 그중 하나가 프랑에 있는 라랑스 방조제이다. 보다 자세한 정보는 '라랑스 케이스 스터디'를 참조하기 바란다.

상업적으로 제작된 몇 가지 조류발전기의 원형들에 대해 여러 회사들이 채용을 약속하고 있으며, 어떤 제품들은 제3자에 의한 신뢰성 인정까지 이미 확보되었다. 그리고 상당 기간 상업적으로 운전한 결과 신뢰를 얻어 투자 협정도 이루어지고 있다.

이탈리아의 메시나 해협에서 2001년부터 가동되는 원형과 오스트레일리아의 '티달 에너지 피티 (Tidal Energy Pty Ltd)'

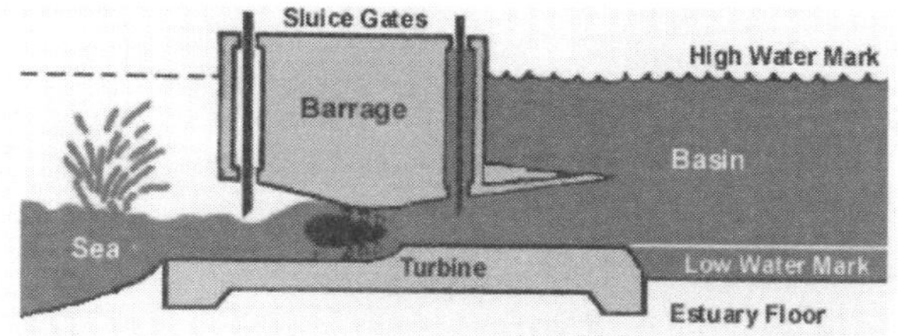

그림 3.1 벌브 터빈에 의한 조력발전 시스템

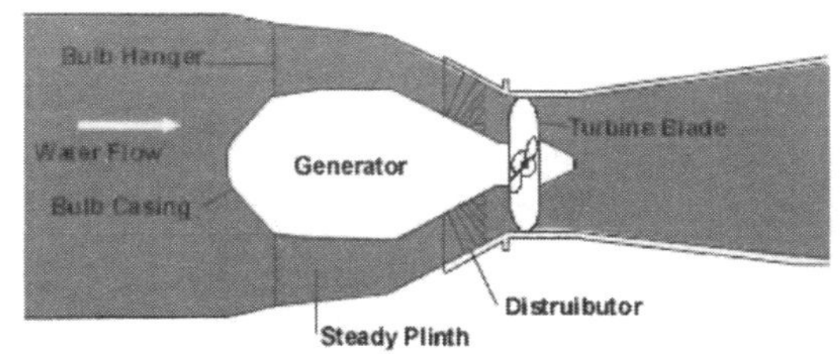

Sourced : (ACRE) Australian CRC for Renewable Energy LTD

그림 3.2 벌브 터빈의 구조

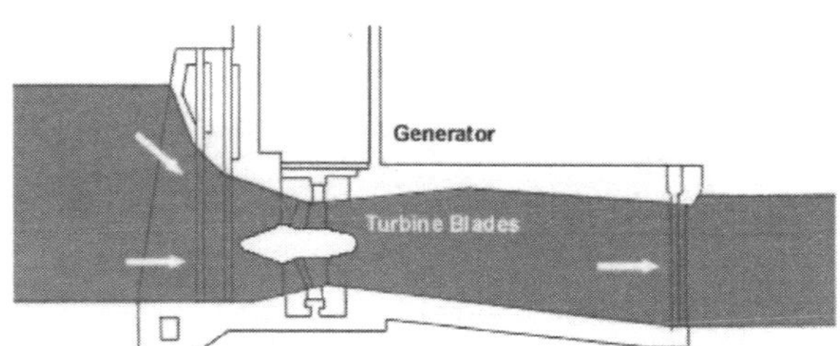

Figure 4: Rim Turbine (Copyright Boyle, 1996)
Sourced: (ACRE) Australian CRC for Renewable Energy LTD

그림 3.3 림 터빈의 구조

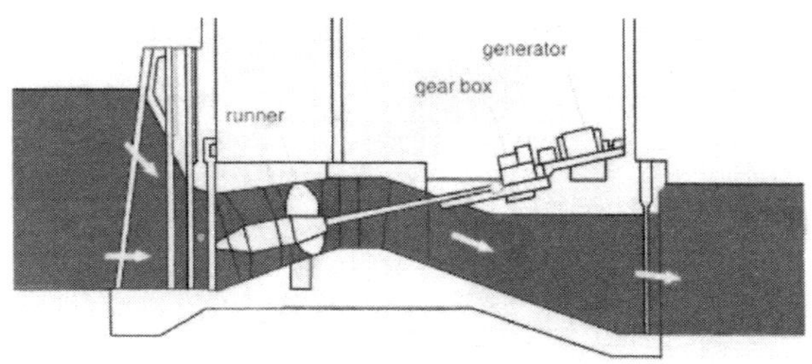

그림 3.4 튜뷸러 터빈의 구조

사가 2002년에 퀸슬랜드의 골드코스트에 설치한 고효율 '원통관 터빈'(shrouded turbine)의 시운전은 상업적으로 성공한 바 있다.

티달 에너지 피티사가 가동하고 있는 효율 좋은 원통관 터빈은 제트 터빈 엔진을 닮은 터빈으로, 조류가 가진 운동 에너지의 60%를 전력으로 변환한다. 이 터빈은 오스트레일리아에서 조류가 매우 빠른(초속 11m, 21노트) 북쪽 멀리 떨어진 곳에 설치되어 있다. 이곳에 설치된 2기의 작은 터빈은 3.5MW를 출력한다. 따로 직경 5m의 대형 터빈은 초속 4m의 유속에서 800kW를 생산하며, 이 조류발전기는 2008년 10월, 오스트레일리아의 브리스베인 근처에서 시범적으로 해수 담수화 시설에 이용하고 있다.

2003년에는 영국 데번(Devon) 해안에서 300kW의 '주기 유동성 해류 프로펠러식 터빈'(periodflow marine current propeller type turbine)이 시험되었으며, 스코틀랜드의 스팅레이(Stingray) 해안에서는 150kW의 오실레이팅 하이드로플레인 디바이스(oscillating hydroplane device)를 시험하였다. 또 하나

그림 3.5 시제품 시젠(SeaGen)의 로터가 스트랭포드에 설치되기 전의 모습

의 영국 제품인 '하이드로 벤투리(Hydro Venturi)'는 샌프란시스코 만에서 시험되고 있다.

한편, 출력 300 kW의 세계 최초 '송전망 연결 터빈'(grid-connected turbine)의 시제품은 노르웨이의 함메르페스트(Hammerfest) 남쪽에 있는 크발슨드(Kvalsund)에서 2003년 11월 13일부터 운전을 시작했다. 이 모델은 앞으로 19기를 추가 설치할 계획이다.

상업용 시제품인 '시젠(SeaGen)'은 북아일랜드의 스트랭포드 로프에 있는 마린 커렌트 터빈사(Marine Current Turbines Ltd)가 2008년에 설치하기로 되어 있었다. 이 터빈은 1.2 MW를 생산하며 고압 송전망에 연결하도록 되어 있다.

독일 RWE사의 엔파워(NPower)는 '마린 커렌트 터빈' 사와 합작으로 웨일스의 에인젤세이(Angelsey) 해안에 조류발전 단지를 건설할 것이라고 발표한 바 있다. 그런데 엄격히 말해 이 것은 시험 가동이 아니라 조류발전 사업단지이다.

'브리티시 콜롬비아 티달 에너지' 사는 2009년까지 캠프벨 강이나 브리티시 콜롬비아의 해변에 1.2 MW 터빈 3기를 건설할 계획이다. 영국 회사인 '루나 에너지'(Lunar Energy)는 이온(E. On)사와 합작하여 웨일스의 펨브로크셔(Pembrokshire) 해안에 세계 최초의 조류발전 단지를 건설하겠다고 2007년 11월 발표했다. 이 발전 단지는 세계에서 처음으로 심해의 조류 에너지를 이용하여 5,000가구에 전력을 공급할 계획이다. 이곳에서는 길이 25 m, 높이 15m의 수중 터빈 8기를 세인트 데이비드 반도 앞바다에 설치할 계획을 가지고 있다. 건설공사는 2008년 여름에 시작하였고, 2010년에 가동할 계획인데, 이 발전 단지를 '해저의 풍력발전 단지'(wind farm under the sea)라고 표현하고 있다.

'베르단트파워(Verdant Power)' 사는 뉴욕에 있는 퀸스와 루즈벨트 섬 사이의 이스트 강에 시제품을 만들 계획이고, 아일랜드계의 '오프하이드로' 사는 오픈-센터 터빈(Open-Center Turbine)이라는 터빈을 미국에서 개발하고 있는데, 그 시제품은 스코틀랜드의 오크니(Orkney)에 있는 유럽 마린에너지 센터(EMEC)에서 시운전되었다. 그리고 '노바스코샤 파워' 사는 캐나다의 노바스코샤 펀디(Nova Scotia Fundy) 만에서 그들이 채택한 터빈으로 조류발전을 하는 상황을 전시할 계획을 가지고 있으며, 앨더니 리뉴어블 에너지사(Alderney Renewable Energy Ltd)는 오픈 하이드로의 채널 섬에 조류발전 터빈을 납품할 예정이다.

3.3 원통관형 조류발전 터빈

최신 기술로 만든 원통관 터빈은 터빈 뒤편의 기압을 낮추어 터빈의 효율을 높이기 위해 원통관 모양의 벤투리(venturi) 속에 탑재하고 있다. 이 터빈은 높은 효율(59.3%의 Betz Limit 보다)을 얻을 수 있는데, 특수한 경우 동류의 원통관 터빈보다 4배나 높은 출력을 획득할 수도 있다.

원통관형 조류 터빈은 대형 터빈을 설치할 수 없는 곳에서 상업적으로 매력적인 관심의 대상이 된다. 이들 소형 터빈은 수심이 얕고 유속이 느린 곳에서 가동될 수 있기 때문이다. 해로(海路)를 가로지르거나 유속이 빠른 강에 설치된 원통관 터빈은 지상의 기지(基地)나 송전망과 쉽게 케이블을 연결하여 생산 전력을 원거리 또는 낙도 같은 곳에 공급할 수 있다. 더구나 이 원통관형 터빈은 상업적으로 에너지 생산시설을 건설하기 어려울 만큼 유속이 너무 느린 곳에서도, 터빈을 통과하면서 유속을 가속시키는 특성을 가지고 있다.

한편 원통관형은 풍력에서 실용적이지 못한 것처럼, 차세대 조류발전 터빈 설계에서도 대중적이거나 사업성을 발휘하지 못할 수 있다. 오스트레일리아의 티달 에너지 피티사(Tidal Energy Pty Ltd)와 루나 에너지(Lunar Energy, http://www.lunarenergy.co.uk/duct.htm)는 원통관을 이중으로 연결한 터빈을 설계하고 있다. 티달 에너지 피티사의 조류 터빈은 어떤 방향에서 해류가 흘러오더라도 그쪽을 향할 수 있는 다방향 터빈이고, 루나 에너지사의 터빈은 2방향성이다. 모든 조류발전

터빈은 수류에 대해 항상 정확하게 지향(指向)하여 동작해야
한다. 티달 에너지 피티사는 독특하게도 회전축 베이스(pivot
base)를 채용하고 있다. 루나 에너지사는 터빈의 장축(長軸)을
따라 수류가 똑바로 흘러들도록 광각 분산 장치(wide angle
diffuser)를 사용한다. 원통관은 조류 방벽이나 방조제에도 설
치하여 터빈의 성능을 높일 수 있다.

3.4 원통관 터빈의 종류

원통관 터빈들은 외벽의 디자인이 서로 다르기 매문에 성능이 동일하지 못하다. 그리고 이 터빈들은 메이커가 제시하고 있는 성능에 대해 전체적으로 정밀 조사가 이루어지지 못했다. 그 원인은 제작자들의 기술보안 때문이다. 그러므로 성능에 대한 발표 수치는 명확하게 조사할 필요가 있다. 제시된 수치는 15~25%에서부터 384%까지 변수가 있으며, 원통관뿐만 아니라 터빈도 개선이 필요하다.

원통관은 해류에 대해 바르게 설치(正位)되지 않으면 소용돌이나 역류가 있을 때 터빈의 가동성을 감소시켜 최대 효율을 획득하지 못한다. 그리고 터빈효율이 낮을 경우 원통관 개선에 추가 비용이 소요되게 마련이고, 반면에 고효율이라면 상업화가 유리하다. 원통관의 구조 보완에 소요되는 추가 비용은 예상된 수익을 잠식하게 할 것이다.

비행장 활주로의 윈드삭(windsock ; 활주로에 풍향을 알리도록 세운 바람 자루)이 언제나 바람이 불어가는 쪽으로 향하는 것처럼, 원통관과 터빈이 수류에 대해 바른 각도로 회전한다면 터빈의 성능이 향상된다. 그러나 그렇게 하려면 원통관에 값비싼 실용 장치가 필요하다. 스윙 무어링 폰툰(swing mooring pontoon ; 물 가운데 설치한 특수한 요트 정박장) 밑에 원통관 터빈을 가설하거나, 물속에서 마치 연처럼 동작하는 터빈과 같은 수동적인 디자인도 채용할 수 있다고 한다.

3.5 송전선 연결

송전은 송전망과 연결하여 수용지로 보낼 수도 있고 대규모 사회 기반시설이 미흡한 원거리 주거지에도 공급할 수 있다. 에코베닌(eco-benign)이라 부르는 저속 조류 터빈은 해양 생물에 영향을 미치지 않으며 시각적으로도 별로 문제가 없다. 그러므로 낙도나 송전망 기반시설이 갖추어지지 않은 외딴 주거지에 이상적이다.

3.5.1 장 점

(가) 적당한 외형을 가진 원통관은 그것이 없는 개방형이나 자유형보다 터빈을 관류(貫流)하는 유속을 3~4배 증가시키므로, 같은 터빈일지라도 3~4배의 힘을 발휘한다.

(나) 전력 출력이 많다는 것은 투자에 대한 반대 급부가 크다는 것을 의미한다.

(다) 상업적 발전을 위한 적지(適地)의 수가 늘어났다.

(라) 거추장스러운 대형 터빈보다 소형 원통관 터빈은 바다와 이어진 수심이 얕은 강 하구에 설치하더라도 수로에서의 항해에 안전을 보장한다.

(마) 터빈이 원통관 안에 수용되어 있으므로 해류에 혼입된 부유 쓰레기들로부터 손상을 경감할 수 있다.

(바) 얕은 물에서는 자연광이 가려주기 때문에 부착 생물이 터빈에 적게 붙는다.

(사) 원통관 통로로 통수(通水)가 효과적으로 이루어짐에 따

라 터빈의 회전 속도가 증가하고, 빠른 유속은 터빈에 생물체가 부착하는 것을 막아 준다.

3.5.2 단 점

(가) 대부분의 원통관형 터빈은 지향성(指向性)인 데 반하여, 브리티시 콜롬비아의 남(南)밴쿠버 섬에 설치된 원통관형 터빈은 예외적으로 변형이다. 한 방향으로 고정된 원통관은 수류를 효과적으로 대처하지 못하므로 효율을 최대한 향상시키려면 원통관은 조류와 조석의 간만(干滿) 모두를 이용할 수 있어야 한다. 그러자면 피벗이나 회전판의 바람개비나, 해상 정박장의 폰툰 아래에 띄운 윈드삭처럼 바람의 흐름 방향을 향하도록 할 필요가 있다.

(나) 원통관형 터빈은 얕은 수심의 중위(中位) 아래에 있어야 한다. 이것은 바다나 또는 강바닥에 세운 외기둥(monopile) 혹은 폰툰 아래에 띄워 부유 물체들이 터빈에 충돌하지 않게 해야 하기 때문이다.

(다) 원통관형 터빈의 하중은 개방형 또는 자연류(自然流 ; free stream) 터빈보다 3~4배 무거우므로 튼튼한 고정(固定) 시스템이 필요하다. 그러면서 이 고정 시스템은 터빈을 요동케 하는 흔들림을 예방하고, 터빈 주변에 발생하는 고압 파동과 비동조(非同調 ; detuning)를 방지하도록 만들어야 한다. 고정대, 그리고 출력을 3~4배 증가시켜 주고 터빈을 지지해 주는 두 가지 기능을 하는 원통관의 구조적 형태도 유선형으로 설계해야 한다.

(라) 원통관형 터빈은 벤투리관을 통과하여 날개 속으로 어류

나 해양 포유류를 흡입하여 바다 생물들에게 피해를 줄 수
있다.

제 4 장

조력발전 사례 연구

4.1 라랑스 방조제 조력발전소

이 방조제는 1960년에 축조가 시작되었다. 이곳 시스템은 길이 330 m의 방조제와 22 km²의 내만 면적, 그리고 조차(潮差) 8 m의 조건을 갖추고 있으며, 작은 선박이 통과할 수 있는 갑문 하나를 가지고 있다. 방조제를 축조하는 동안 안전과 편의를 위해 방조제 양안(兩岸)에 2개의 임시 댐을 만들어 본 댐을 건조(乾燥)시킬 수 있도록 했다. 10 MW급 직경 5.4 m의 벌브 터빈 24기는 1967년에 완성하여 225 kV의 영국 송전선망에 연결했다.

이 방조제가 채용한 벌브 터빈은 '프랑스 전력'(Electric de France)이 개발한 것이다. 이것은 밀물 때와 썰물 때 모두 발전한다. 이 중심축 유동 터빈은 앞에서 언급했던 것과 같은 필요성이 있을 때 내만으로 양수(揚水)까지 하도록 설계되었다. 이것은 발전 양을 증가시키기 쉽도록 해준다. 이 형태의 터빈은 유럽 대륙의 라인 강이나 론 강의 댐에서 수력발전용으로 주로 사용되고 있다.

이와 유사한 시설을 스코틀랜드에 건설한다면, 간단하게 계산하여 다음과 같은 정도의 가정에 전력을 공급할 수 있을 것이다.

각 터빈은 10 MW급이므로 총 240 MW의 전력이 생산된다.

매년 최대 발전량(kWh)

$$= 240,000 \times 8760(\text{1년의 시간}) = 2,102,400,000 \, \text{kWh}$$

조력은 다른 형태의 재용 에너지와 마찬가지로 100% 시간에 의존할 수 없다. 그러므로 위에 나온 수치 역시 1년 동안에 생산되기는 거의 불가능할 것이다. 캐패시티 팩터(capacity factor CF)는 스코틀랜드 수역에서 1년 동안에 실제로 생산될 수 있는 최대 생산 전력에 대한 실제 출력 비율을 약 40%로 잡고 있다.

연간 총 발전량(kWh)

$$= 2,102,400,000 \times 40\% = 840,960,000 \, kWh$$

1년 동안 가정에 공급할 수 있는 주택 수를 알려면, 각 가정의 연간 평균 전력 소비량을 적용한다. 각 가구의 평균 전력 소비량은 4377 kWh이다.

$$가구수 = 840,960,000 \div 4,377 \fallingdotseq 192,131$$

4.2 세계의 주요 사례

아르길 해안 근처의 해류는 활용할 수 있는 조류 에너지 산업을 싹트게 하는 많은 여건을 갖추고 있다. 그러나 해양 조류 터빈 기술은 풍력 터빈과 같은 노선을 따르는 경향이 있지만, 에너지 밀도가 훨씬 큰(공기의 4배) 해류의 힘을 이용하기 때문에 이곳의 터빈들은 풍력 터빈(Aeolian)보다 상대적으로 훨씬 작아도 된다. 조력은 바람에 비해 자연 현상을 예측할 수 있으므로 훨씬 신뢰가 되며, 국가 송전망에 기본 전력을 공급하는 에너지원으로 이상적이다. 조류는 한 방향으로 약 6시간 흐르고, 그 다음 6시간은 역방향으로 흐르므로 태양이나 풍력과는 달리 하루 24시간 사용할 수 있는 에너지를 제공한다. 조류가 바뀔 때는 출력이 떨어지지만 해안 전체에서 동시에 바뀌는 것이 아니므로 다른 장소에 여러 개의 발전기가 송전망과 연결되어 있다면 항상 전력 생산이 가능하다.

이 지역에 있는 여러 회사들은 그들의 발전 장비들이 해변이나 지상에 설치된 풍력발전기에 비해 눈에 잘 뜨이지 않기 때문에 관심을 적게 끈다고 불평을 한다. 이들 장비는 터빈 날개의 회전 속도가 비교적 느리므로 환경적인 영향과 해양생물에 대한 피해가 적다.

노르웨이 회사인 '함메르페스트 스트롬' 사는 보다 앞선 계획으로, 세계 최초의 송전망 연결 조류 터빈인 300kW 조류발전기를 함메르페스트 시의 송전망에 연결했다. 'MCT' 사의 조류발전기는 적재 덤프(load dump)를 사용하기 때문에 송전망에 연결하지 않는다. 노르웨이 회사는 2008년 말 안에 운전할 차세대 발전기 20기 이상을 설치하여 세계 최초의 조류발전 단지를 갖게 될 것이라고 한다. 이것은 그들이 말하는 '블루콘셉트' 계획의 3단계 작업이 될 것이며, 10MW의 재생 전력을 생산하는 조류발전 단지가 될 전망이다.

대개의 조류발전기는 4~5노트의 유속에서 잘 가동될 것이며, 에너지 생산비 면에서도 별 문제가 없을 것이다. 아르길사는 여러 곳에서 계획을 잘 추진하고 있으며, 수년 사이에 해류 속에서 가동되는 조류발전 장비를 갖게 될 예정이다.

내륙의 풍력발전기처럼 조류 터빈 장치는 기초를 튼튼하게 세우는 데 비용이 많이 든다. 아베르딘의 로버트 고든 대학에서 새로 개발한 '시스네일'(Sea Snail) 발전기(그림 4.1)는 조립

그림 4.1 로버트 고든 대학에서 개발한 '시스네일' 발전기

식으로 가설하기 때문에 비용이 절감될 수 있다. 이 발전기의 30톤급 좌대(platform)는 '바다 날개'라고도 불리는 하이드로 포일(hydrofoil)을 사용하고 있다. 이 장비는 해류 자체의 힘에 의해 장비가 해저 바닥으로 끌려 고정되도록 한다. 그렇게 하면 터빈은 좌대에 안정하게 고정된다.

RGU는 오크니의 에인홀로사운드에서 150kW급 시험용 모델을 가동하고 있으며, 장차 40만 파운드를 투입하여 최대 750kW급 규모로 건설하려는 희망을 가지고 있다. 이 계획은 콘셉트의 '스코티시 엔터프라이스 프루프'로부터 158,000 파운드의 자금을 유치하고 있다.

개발 비용의 장벽을 극복해야 할 다른 하나의 장비는 로텍 티달 터빈(RTT)이다. 이 장비는 '루나 에너지' 사에 기반을 둔 '요크셔' 사가 개발했으며, 좌대 고정은 콘크리트 기둥(plinth)에 의지하고 있다. 또한 이것은 기어박스와, 좌우 흔들림(yawing)이나 앞뒤 흔들림(pitch) 구조가 없기 때문에 제작비가 저렴하고 유지 관리비도 낮다. 당사자들은 2005년이 끝나기 전에 1MW급 시험기를 갖기를 희망했다.

애버딘(Aberdeen)도 재활용 에너지 기술에 연간 2,500만 파운드의 연구 개발비를 투자하는 '에너지 ITI'(Energy Intermediary Technology Institute)의 본산이다. 3개의 ITI 가운데 하나는 스코티시 엔터프라이스, 하일랜드 그리고 '아일랜드 엔터프라이스' 등의 3사를 설립했고, 다른 2개는 에너지 분야에 대한 지적 재산과 전체 산업을 예측하려는 '라이프 사이언스' 사와 '테크메디아' 사가 설립한 것이다. '에너지 ITI'는 고급 시장 정보를 통해 장래 스코틀랜드의 에너지 산업에 대두할 기

그림 4.2 아르길 소용돌이에 설치 예정인 조력 발전 설비

술 시장을 탐색하고 있다.

최근 샌디스몰 글라스고 대학의 해양연구소는 코리브레큰 만의 '주라'와 '스카바' 섬 사이에 있는 유명한 '아르길 소용돌이'에 조류발전소를 건설하면, 2GW 이상의 재활용 에너지를 얻을 수 있다고 보고했다. 여기에 설치하는 시설은 사리 때 소용돌이 효과로 발생하는 6~8 노트의 조류에 견디도록 견고해야 하며, 그럴 수만 있다면 일반적인 발전소를 능가하는 경쟁자로 나설 수 있을 것이라고 보고했다. 스트래스클리드 대학 부속 에너지 시스템 연구소(ESRU)도 코리브레큰이 스코틀랜드에 전력을 공급하는 데 한몫을 할 가능성을 지닌 해양 에너지 개발 예정지 중의 하나라고 간주하고 있다. ESRU 역시 해양 조류 연구에 열중하고 있다.

다른 하나의 가능성은, 쿠안사운드를 가로질러 루잉 섬과 세일 섬을 연결하는 방조제에 조류 터빈을 설치한다면 방조제

도로가 생겨나고, 지금까지 페리선이 수행하던 역할을 방조제 도로가 감당하게 되어, 10년 이내에 그 건설비용을 회수할 수 있다는 것이다. 아르길사와 블루카운슬사는 큰 관심을 가진 대형 건설회사에 이 계획을 검토하도록 의뢰하여 그 가능성을 확인하려고 했다. 그러나 총비용이 과중(700만 파운드)하고, 스코티시 자치정부로부터 페리선 사업에 사용하도록 배정받은 자금을 이미 지출한 상태였다.

블루에너지 캐나다사와 오션에너지사는 종전의 데이비스 하이드로 터빈 기술을 사용하여 그러한 시설을 하고 싶어한다. '더 브러더스 티달 펜스' 라고 하는 이 계획에 의하면, 캘리포니아 리치몬드 시 가까운 해안에서 내만(內灣)의 이스트 브라더스 섬 근처까지 방파제 시설을 연결하려 하고 있다. 방파제 길이 1,000피트의 발전시설은 70~100MW의 전력을 생산할 계획이다. 그러나 이 계획에는 아르길과 블루카운슬사의 전문가들이 제안한 소규모 계획의 예산인 5,000만 파운드를 능가하는 비용을 필요로 한다. 오늘날의 전력 시장에서 이런 종류의 발전시설은 매년 약 450만 파운드의 수입(ROCs를 포함하여)을 보장해 줄 전망이다. 이 계획이 유럽연합기구 소속인 DTI와 스코티시 지방정부 그리고 두 섬의 자치단체들까지 관심을 갖게 된다면, 언제까지나 비현실적인 것으로 간주되어 이제까지처럼 방치되지는 않을 것이다. 구안사운드는 아마도 유럽에서 최초로 연립 조력발전 방조제를 건설하는 본산이 될지 모른다.

한편 노르웨이, 캐나다, 미국 회사들이 영국, 특히 스코틀랜드와 함께 이 분야 개발 계획에 적극 참여하게 된다면, 영국

국내 기업들의 연구 개발을 크게 자극하게 될 것이다. 오크니에 있는 '유로피언 해양에너지센터'는 기존 조력발전 시험 시설을 보완하고, 유럽과 스코틀랜드가 선두에서 필수적인 핵심 기술을 유지하도록 조만간 조력발전 시험 기구를 설립하려 하고 있다.

이 계획은, 적절한 규모의 조석이 일어나는 강 하구나 내만을 댐이나 방조제를 축조(築造)하여 가로막는 방식이다. 방조제를 건설하려면 간만의 차가 5m 이상이라야 한다. 댐이나 방조제를 축조하는 목적은 댐을 통해 조류가 내만으로 흘러들도록 하기 위해서이다. 조류가 더 이상 들어올 수 없게 되었을 때 수문을 닫으면, 물은 하구나 내만에 담기게 되고, 그 결과 수두(水頭)가 형성(낙차)된다. 조수가 밀려나갈 때 발전 터빈이 설치된 방조제의 수문을 열면, 수두는 수문을 거쳐 흘러 나가면서 터빈을 회전시켜 전력을 생산한다. 전력 생산은 방조제에서 양 방향으로 모두 가능하므로 효과적이며 경제성 있는 방법이다.

이 방법은 우리가 흔히 볼 수 있는 수력발전과 유사하다. 스코틀랜드에는 이런 계획을 추진할 수 있는 잠재력 있는 유력한 지점이 여러 곳 존재한다. 스코틀랜드 남서쪽 솔웨이퍼스에는 간만의 차가 5.5m나 되는 장소가 있다.

방조제 축조는 많은 사회적·기술적 문제를 야기한다. 방조제는 축조하는 동안에만 환경과 생태계에 영향을 주는 것이 아니라 그 지역에 영구적으로 영향을 미친다. 또 방조제 축조로 인한 영향은 위치에 따라 방조제마다 다르기 때문에 측정하기 매우 어렵다.

4.3 방조제 조력발전 기술

　방조제 조력발전에 이용되는 터빈은 몇 가지 종류가 있다. 그중 하나인 벌브 터빈(bulb turbine)은 터빈 주변으로 물이 흐른다. 그러므로 보수 문제가 발생했을 때는 수류를 중단시켜야 하는 것이 문제이다. 이때 발전 시간 손실이 따른다. 림 터빈(rim turbine)을 이용하면 발전기가 터빈 날개와 직각으로 장착되어 있어 보수가 용이하다. 그러나 이 형식의 터빈은 양수(揚水) 기능에 부적합하고 성능을 조절하기 어렵다. 영국에서는 이제까지 대부분 튜블러 터빈(tubular turbine)을 선호해 왔다. '더 시베른 에스투아리'에서는 터빈을 경사진 긴 축에 연결하고 있어, 발전기가 방조제 위에 놓여 있다. 방조제가 환경과 생태계에 미치는 영향 문제는 불확실한 상태이지만, 이미 세계적으로 몇 개의 발전소가 상업적으로 가동 중이며, 그중 하나가 프랑스에 있는 라랑스 방조제이다. 보다 자세한 정보는 '라랑스 케이스 스터디'를 참조하기 바란다.

4.4 경제성

　방조제 사업을 주저하게 만드는 주된 이유는 방조제 축조에 소요되는 비용 때문이다. 투자자의 입장에서는 자금 회수가 오래 걸려 매력을 느끼지 못하는 것이 사실이다. 따라서 이 문제는 정부 지원이나 조력발전에 관여하는 지원 기구에 의해 해결될 수 있다. 자금 회수에 시간이 걸리지만 일단 방조제가 축조되면 유지비와 운전비가 아주 적게 들고, 약 30년에 한 차례 터빈을 교체하기만 하면 된다. 발전시설의 수명은 반영구적이며, 가동되는 동안 연료비는 전혀 들지 않는다.

　방조제 조력발전의 경제성은 매우 복잡하다. 적절한 디자인은 최소의 방조제로 최대의 전력을 생산하는 것이다.

4.5 사회적 영향

    방조제 건설은 주변 지역에 많은 사회적 문제를 야기하게 된다. 방조제를 축조하는 동안 지역 내의 교통과 교통 인구가 급격하게 증가하게 되고, 이 상황은 방조제 축조가 완료되기까지 여러 해 동안 지속될 것이다. 프랑스의 라랑스 조력방조제는 완공되기까지 5년 이상의 시일이 소요되었다. 방조제는 그곳을 찾아오는 다양한 방문자들에게 숙식을 제공하는 관광 사업과 서비스 산업의 투자를 유도할 것이다. 이것은 지역경제 발전에 크게 기여할 것이다.

    방조제를 도로로 이용하거나 또는 철로와 연결한다면 내만이나 하구를 횡단하는 교통 시간을 줄일 것이다. 또한 방조제 위에 풍력발전 시설을 한다면 부수적인 전력 생산도 가능하다. 방조제는 선적과 항해에도 영향을 주며, 그러한 선박들로부터 통행세를 징수할 수 있다.

    내만은 휴양지로 이용될 것이며, 방조제 축조 즉시는 아니겠지만 내륙 깊숙한 지역까지 개발이 따른다면 관광객을 끌어들이고 지역을 변화시킬 수 있다.

4.6 환경적인 영향

조력 방조제의 가장 큰 문제점은 그 지역의 환경과 생태계에 미치는 영향인 것이다. 이 문제는 사전 예측이 매우 어렵고, 건설지가 각기 다르기 때문에 비교할 수 있는 경우도 많지 않다. 수계(水系)의 변화와 홍수 가능성은 주변 해안의 농경지에 큰 영향을 미칠 것이며, 수질과 해안 주변 환경에도 영향을 초래할 것이 자명하다. 내만과 하구의 수질은 당연히 영향을 받게 된다. 침전물의 양에 변화가 생기고, 물의 혼탁도에도 영향을 주며, 물고기와 조류를 비롯하여 그 속에 사는 생물에게 영향을 미친다. 터빈 때문에 죽지 않고 방조제를 통과할 수 있도록 물고기들에게 어로(魚路)를 만들어 주지 않는다면, 어류들은 의심할 여지 없이 영향을 받는다. 이러한 모든 변화는 지역에 서식하는 조류들에게도 영향을 주어, 그들이 좋아하는 보다 살기 좋은 곳으로 옮겨가게 될 것이다.

이러한 영향은 모두 나쁘기만 한 것은 아니다. 많은 경우 평소 그 지역에 볼 수 없었던 새로운 종류의 식물과 생명체가 번성토록 할 수도 있다. 그러나 이러한 현상도 매우 민감한 일이어서 문제되는 지역에 대해 독립적으로 조사해야 한다.

4.7 스팅레이 조력 에너지 시스템의 전망

조류로부터 전력을 얻는 다른 방법도 있다. 현재 흥미를 끄는 신기술의 한 예가 스팅레이(Stingray)이다. 이 기술은 대형 수차(水車)를 평행으로 연결한다. 조류에 대한 수차의 설치 각도에 따라 수차는 올라가거나 내려가는 변화를 가져온다. 이 운동은 높은 유압을 발생시켜 수차의 모터를 동작시킴으로써 실린더를 신축(伸縮)시켜 전력을 생산토록 한다.

이 개념은 정부 당국으로부터 가능성을 인정받고 있다. 먼저, 이 기술에 대한 3개월간의 단기 가능성 연구에 필요한 자금을 지원받았다. 이것은 2002년에 이 계획을 뒷받침해 줄 수력기술자문위원들로 하여금 필요한 설계, 건설, 설비를 하도록 했다. 이 시스템은 1년간 추진되었고, 그 결과는 스팅레이 계획의 가능성에 대한 평가가 될 것이다.

이 기술을 개발하고 있는 '엔지니어링 비즈니스'(EB)는 전시용 시스템을 건설할 마땅한 장소를 열심히 조사했다. 그 결과 셰틀랜드에 있는 엘사운드에서 한 곳을 찾았다. 그들은 사업 전개에 따르는 환경 문제와 사회적 고려 사항, 지역 문제 등을 총체적으로 분석하고 있다. 이 조사 사업은 2002년 여름 동안 전개되었다. 만일 이 계획이 성공한다면, 이것은 조류로부터 에너지를 얻는 방법을 세계에 알리는 획기적인 예가 될 것이다.

4.8 조력발전 시설의 운전

세계 첫 조력발전소는 1960~1966년 프랑스 라랑스(La Rance)에 6년 이상 걸려 건축한 랑스 조력발전소이다. 이것은 240 MW의 발전용량을 가졌다.

또 북아메리카의 첫 조력발전소는 1984년에 운전을 시작한 펀디만 입구의 노바스코샤 애나폴리스 로열에 있는 애나폴리스 로열 발전소(Annapolis Royal Generating Station)이다. 이 발전소는 18 MW를 출력한다.

북아메리카에서 내수류(in-stream) 조력발전을 하는 첫 시설은 2006년 9월에 사우스밴쿠버 섬의 레이스락에 건조되었다. 이 조력발전소의 다음 단계는 노바스코샤에서 시도될 것이다.

러시아는 바랜츠 해(海) 키슬라야구바에서 소규모 시설을 했다. 이것은 0.5 MW를 생산한다. 2006년에 개량된 시험용 직교 터빈(orthogonal turbine)으로 1.2 MW까지 격상시켰다.

러시아의 키슬라야구바에서는 직교 터빈을 사용한 12 MW급 발전소 계획이 새로 추진되고 있다.

중국은 몇 개의 소형 조류발전소와 장시아에 대형 발전소 하나를 건설할 계획을 발전시켜 가고 있다. 중국은 또한 압록강 입구 가까운 곳에 조력 석호(tidal lagoon)를 만들고 있다.

스코틀랜드는 2010년까지 10%의 조력 발전을 포함하여 청정 에너지 전력을 18%까지 끌어올리겠다고 주장하고 있다. 영국 정부는 이 발전소는 대형 화석연료 발전소 하나를 대신할 수 있을 것이라고 주장한다.

남아프리카의 에스콤(Escom)사는 콰줄루나탈 해안에서 모
잠비크 해류를 이용하여 전력을 생산하는 계획을 검토하고 있
다. 육지에 접한 대륙붕에서 유속이 빠른 모잠비크 해류를 활
용한다면 전력을 생산할 수 있을 것이기 때문이다.

4.9 각국의 조력발전 계획

표 4.1 각국의 조력발전 계획

국 가	지 역	평균 조고 (m)	내만 면적	최대 용량 (MW)
아르헨티나	산요세	5.9	−	6,800
오스트레일리아	시큐어 만	10.9	−	7
캐나다	코베퀴드	12.4	240	5,338
	컴벌랜드	10.9	90	1,400
	세포디	10.0	115	1,800
	패사마코디	5.5	−	?
인 도	쿠치	5.3	170	900
	캄베이	6.8	1970	7,000
한 국	가로림만	4.7	100	480
	천수만	4.5	−	−
멕시코	리오콜로라도	6.6	−	?
	티뷰론	−	−	?
영 국	시베른	7.8	450	8,640
	메르시	6.5	61	700
	스트랑포트 라프	−	−	−
	콘위	5.2	5.5	33
미 국	패사마코디만, 메인주	5.5	−	?
	크닉암, 알래스카	7.5	−	2,900
	골든게이트, 남가주	?	−	?
러시아	메젠	9.1	2,300	19,200
	투구르	−	−	8,000
	펜징스카야만[34][35]	6.0	20,500	87,000
남아프리카	모잠비크	7	?	?

'−' 표시는 정보 미확인 '?'는 미결정 정보를 나타낸다.

4.10 우리나라 서해안에 친환경 조력발전소 러시

고유가 시대의 돌파책으로 우리나라 서해안에도 세계 최대 규모의 친환경 조력발전소 건설이 잇따라 추진되고 있다. 정부도 새만금 간척지에 신재생 에너지 시범단지를 조성한다는 방침이어서 앞으로 서해안은 세계적인 조력발전 벨트로 떠 오를 것으로 전망된다.

2008년 2월 28일 (주)새만금에너지에 따르면 새만금 간척지에 7600여억 원을 들여 오는 2012년까지 '새만금 조력발전소(가칭)'를 건립할 계획이다. 새만금에너지는 조력발전소가 가동되면 연간 1067억 원의 해외 에너지 수입 대체효과가 있다고 보고 있다. 또 기후변화협약에 따른 연간 46만 t의 이산화탄소 배출량 절감효과도 기대하고 있다.

새만금 조력발전소는 연간 발전량이 745GWh(기가와트)로 시화호 조력발전소의 1.2배다. 용량 25.4MW급 수차발전기(터빈) 16대가 설치돼 인구 40여만 명 규모의 도시에서 쓸 수 있는 전력을 생산하게 된다. 새만금에너지의 고위 담당자는 "군산대학교 환경연구소와 공동으로 사업 타당성 평가를 실시했는데 상업성이 충분하다는 결과가 나왔다며, 현재 정부와 지자체와 사업을 협의 중"이라고 말했다. 새만금에너지는 포스코건설과 양해각서(MOU)를 체결한 상태다.

조석차가 최대 8m로 세계 최고 수준인 서해안은 조력발전소를 짓기 위한 천혜의 조건을 갖추고 있다. 현재 세계 최대 규모인 시화호 조력발전소가 시공 중인 데다가 태안반도에 들

그림 4.3 완공 후의 시화호 조력발전소 예상도(출처 : 시화호 조력발전소 홍보실)

어설 예정인 가로림만 조력발전소(연간 발전용량 904GWh)가 기본설계에 들어갔다. 여기에 강화 석모도, 인천만에서도, 조력발전소 건립이 추진 중이다. 〈문화일보 2008년 2월 28일〉

바다에서 전기를 얻는 방법은 여러 가지가 있다. 가장 많이 연구되고 있는 것은 밀물과 썰물의 높이 차이를 이용한 조력(潮力)발전소로. 현재 경기도 안산시 시화호에 건설되고 있는 발전소가 그렇다. 지난 2003년 공사에 착수, 이제 거의 완공 단계에 들어섰다.

시화호에선 밀물과 썰물의 높이 차가 최대 9.16m에 이른다. 12.67의 방조제의 가운데 댐 아래에 터빈을 설치한다. 밀물 때 시화호 바깥쪽의 수위가 높아지면 댐 안쪽으로 물이 몰려온다. 그 힘으로 터빈을 돌려 전기를 만든다.

시화호 조력발전소는 하루 두 차례 밀물 때(10시간)를 이용해 지금까지 세계 최대로 알려진 프랑스 랑스 조력발전소(하루 24만kW)를 넘어서는 하루 25만 4000kW의 전기를 생산할 수 있을 것으로 기대되고 있다. 이 정도면 50만 명이 사용할 수 있는 전력이다. 태안반도 가로림만과 강화 석모도에도 조력발전소가 들어설 예정이다.

바닷물의 흐름인 조류(潮流)를 이용한 발전소도 국내에 건

그림 4.4 건설 당시의 울돌목 조력발전소

그림 4.5 울돌목 조력발전소의 위치

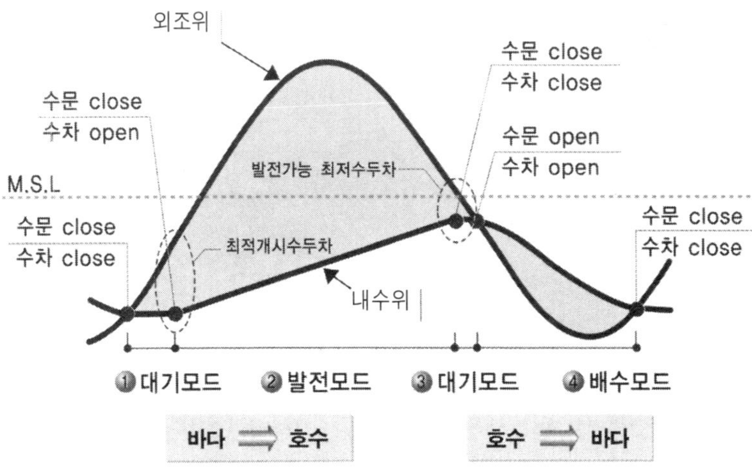

그림 4.6 시화호 조력발전소가 채용한 단류식 창조발전

설 중이다. 전남 해남군 화원반도와 진도 사이에 있는 해협인 울돌목이 그 현장. 이곳은 가장 좁은 부분의 너비가 293 m이며 바닷물의 흐름이 시속 약 26 km에 이른다. 임진왜란 때 이순신 장군은 이처럼 빠른 물살을 이용해 왜군을 수장시켰다. 조류발전소는 하루 5만 kW의 전기를 생산할 수 있을 것으로 전망하고 있다. 조류발전은 조력 발전과 달리 댐 없이 자연적인 물살의 힘만으로 터빈을 돌려 전기를 생산하기 때문에 건설비용이 적게 든다. 하지만 조력발전소처럼 발전량을 적절하게 조절하기 어려운 단점도 있다. 〈2007.6.28 조선일보〉

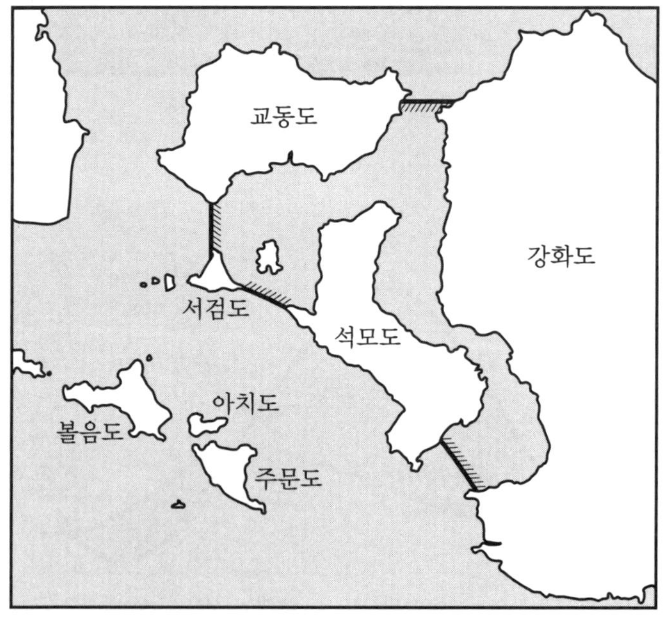

그림 4.7 인천시가 계획하고 있는 조력발전소 예정 지역

파력발전

제 5 장

파도의 에너지

5.1 파력발전

파력이나 조력 에너지는 공해가 없고 그 자원도 풍부하다. 그래서 한때는 풍력발전보다 먼저 파력발전, 조력발전 시대가 도래할 것이라는 기대도 했었다.

특히 21세기에 들어와서는 새로운 기술과 신형 기계들이 등장하여 영국, 캐나다, 덴마크 등은 파력발전에 다시 도전하고 있다. 일본 역시 일찍부터 북해도에 소재하는 무로란(室蘭)대학을 중심으로 "파력발전 장치"에 대한 연구 개발이 매우 활발하게 진행되고 있다.

문제는 어떠한 파력발전 장치(방식)를 채택하느냐인데, 선택 대상은 이론과 합리성으로 양면 무장한 장치가 필수 조건이다. 오늘날 운동장치를 파력으로 직접 구동하는 방식인 Direct Conversion Method(DCM)가 주목을 받고 있으므로 여기서도 DCM(따라서 기계식)에 초점을 맞추어 기술하였다.

파력발전은 해면 표층의 파동현상에 전파통신의 안테너 원리를 적용함으로써 파동 에너지를 이끌어 낸다. 그 구조와 작용은 파동 속에서 요동하는 물체의 운동 에너지를 전력으로 변환하여 얻어내는 것, 파동과의 공진조건, 발전 부하조건을 최적화하여 최고 50 %의 고효율 발전이 가능하다. 20~50 kW/m급의 고밀도 에너지의 위치에 설치한다면 지구환경에 대하여 이상적(理想的)인 거대 발전의 꿈이 실현될 수 있다.

따지고 보면 파랑은 바람이 탈바꿈한 것이다. 그런 의미에서 파력발전은 "간접적인 풍력발전"이기도 하다. 예를 들면, 폭풍우 때의 놀라운 파괴력은 풍력이나 파력이 모두 큰 위력을 발휘하지만 그 격렬함은 풍력이 몇 수 위일 것이다(폭풍우 때의 파워 [정격비] =풍력 : 120배, 파력 : 30배). 이런 와중에서 선구자들은 입력 컨트롤 실용화에 심혈을 기울여 제어기술을 완성시켰고, 이 기술은 풍력발전에서 폭풍의 맹위를 극복하는 기간 기술로 자리잡았다.

그럼, 파력발전은 어떻게 하면 성공할 수 있을까? 열쇠는 파력 발전장치(방식)에 있다. 장치는 이론성과 합리성을 겸비한 최고의 시스템이어야 한다.

발전장치가 안테너 이론에 바탕하여 동작하려면 운동체는 "전파의 1억분의 1 상당의 초저주파에 공진"하고, 또한 전파장치의 수천억 배 상당의 거대 덤핑(dumping)으로 에너지를 흡수할 수 있어야 한다. 운동체의 질량은 약 100 톤급, "거대 스프링"을 조합한 시스템 구성이 된다. 실용 조건상 시스템 파라미터는 제한되지만 이와 같은 관문을 극복하여야만 실용화 조건이 갖추어질 것이다. 실용장치는 관련되는 모든 사항을 구체(정량)적으로 결정할 필요가 있으며 많은 경험과 고도의 숙련이 요구된다.

일본의 무로란대학팀이 중심이 되어 개발한 흔들이식 파력발전장치는 이론과 합리성을 만족시키는 실제 시스템의 하나로 평가받고 있으며, 특히 구조에 특징이 있다. 시스템의 개성상 해양파와 장치가 조화된 "간결·효율적 에너지 변환"이 실현되고 있다. 파력이 흔들이에 직접 작용하므로 내구성을 우려하는 소리도 있었지만 기술적으로 해결되었다. 기본형은 방파시설에 설치하는 스타일인데, 발전과 소파성(消波性)을 겸비한다.

　현재 해상 발전형도 연구되고 있으며 광범위한 이용이 기대된다. 이것이 성공을 거둔다면 파력발전의 실용화에 의문을 제기했던 사람들의 기우는 불식될 것으로 믿는다.

5.2 파도의 선형이론

    수면에서 일어나는 파도의 형상을 파형이라고 한다. 파형의 가장 기본적인 형은 규칙적인 정현(正弦)파이다. 규칙파는 공간적으로는 일정한 진폭과 파장으로 정해지고 시간적으로는 진폭과 주기로 결정된다. 그림 5.1은 파도가 진행하는 방향을 x축으로, 직선방향으로 z축을 취하여 공간적으로 나타낸 정현파이다. 이와 같은 규칙적인 파도는 수조 속의 조파기(造波機)의 주기적인 운동으로 일으킬 수 있다. 파도가 있는 해면 아래서는 물 입자는 해면에서 바닥까지 거의 타원 궤도의 운동을 하고 있다.

    수심이나 파장에 비하여 진폭이 작은 파도는 미소 진폭파라고 하며, 물의 점성 저항 등의 비선형항을 무시함으로써 구할 수 있는 선형의 미분방정식으로 그 이론 풀이가 가능하다. 다음은 일정 방향으로 진행하는 파도(진행파라고 한다)의 선형이론 풀이를 요약한 것이다. 또 선형이론의 적용 범위와 비선형의 파동이론에 대하여서는 수리공식집(水理公式集)을 참

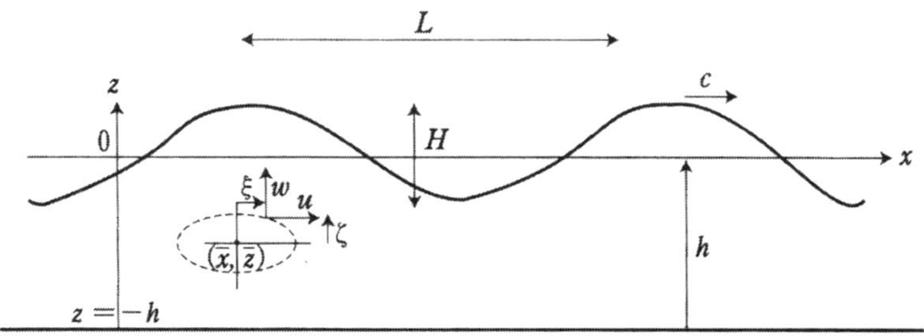

그림 5.1 파도의 기호와 좌표계

조하기 바란다. 주요 기호는 다음과 같다.

H:파고(=2a, a:진폭), h:수심, L:파장, k:파수(=2π/L),

T:주기(=1/f, f:주파수), σ:각주파수(=2π/T=2πf)

c:파도의 전파속도(파속)(=L/T=σ/k), g:중력 가속도, p:
물의 밀도,

w_0:물의 단위 용적 중량(=pg), π=3.1416…

파 형:

$$\eta = \frac{H}{2}\sin(kx-\sigma t) = \frac{H}{2}\sin\left(\frac{2\pi}{L}x - \frac{2\pi}{T}t\right) \quad\cdots\cdots\cdots (5.\,1)$$

분산의 식:

$$\sigma^2 = gk\,\tanh kh \quad\cdots\cdots\cdots (5.\,2)$$

$$L = \frac{T^2}{2\pi}\tanh\frac{2\pi h}{L} \quad\cdots\cdots\cdots (5.\,2a)$$

군속도:

$$c_g = nc \quad\cdots\cdots\cdots (5.\,3)$$

$$n = \frac{1}{2}\left[1 + \frac{2kh}{\sinh 2kh}\right]$$

수평방향 물입자 속도:

$$u = \frac{\pi H}{T}\frac{\cosh k(h+z)}{\sinh kh}\sin(kx-\sigma t) \quad\cdots\cdots\cdots (5.\,4)$$

연직방향 물입자 속도:

$$w = -\frac{\pi H}{T}\frac{\sinh k(h+z)}{\sinh kh}\cos(kx-\sigma t) \quad\cdots\cdots\cdots (5.\,5)$$

수평방향 물입자 가속도:

$$\frac{\partial u}{\partial t} = -\frac{2\pi^2 H}{T^2}\frac{\cosh k(h+z)}{\sinh kh}\cos(kx-\sigma t) \quad\cdots\cdots\cdots (2.\,6)$$

연직방향 물입자 가속도:

$$\frac{\partial w}{\partial t} = -\frac{2\pi^2 H}{T^2}\frac{\sinh k\,(h+z)}{\sinh kh}\,\sin(kx-\sigma t) \quad\cdots\cdots\cdots\cdots\cdots\cdots\;(2.7)$$

수압 강도:

$$p = w_0\left[\frac{H}{2}\frac{\cosh k\,(h+z)}{\cosh kh}\,\sin(kx-\sigma t)-z\right] \quad\cdots\cdots\cdots\cdots\cdots\;(2.8)$$

천수(얕은 물)변형:수파는 상대 수심(수심과 파장의 비)h/L에 따라 표 5.1과 같이 분류된다.

이것은 다음의 쌍곡선 함수의 특성으로부터 유도되었다.

$x\to\infty$서, $\sinh x = \cosh x \to \infty$, $\tanh x \to 1$, $(x/\sinh x)\to 0$

$x\to 0$서, $\cosh x \to 1$, $\sinh x = \tanh x \to 1$

표 5.2는 식 (5.2a)의 분산식에 의해서 얻어지는 주기와 수심에 대한 파장이다. 그리고 그림 5.2는 심수파의 상대 수심에

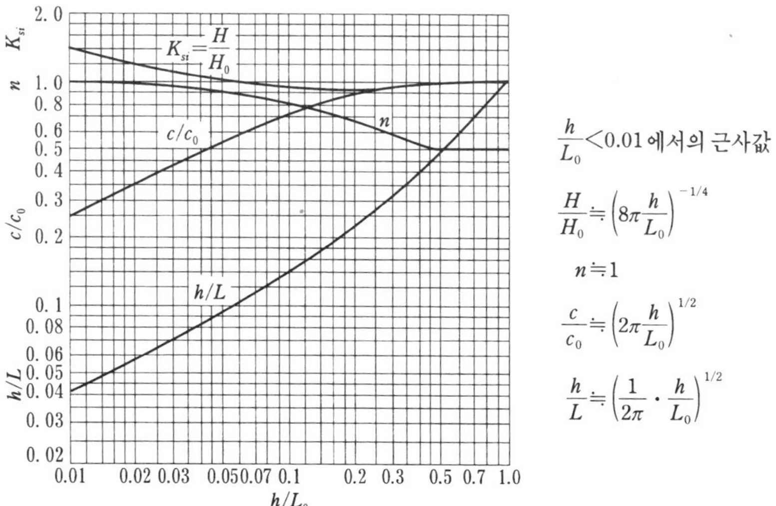

그림 5.2 미소 진폭파의 천수(淺水) 변형

표 5.1 상대 수심에 따른 파도의 분류와 특성

제원 ＼ 명칭 상대수심	$0.5 \leqq h/L$ 심수파	$0.5\ h/L\ 0.04$ 천수파	$h/L \leqq 0.04$ 극천수파, 장파
파　장	$L_0 = (gT^2/2\pi)$	$L = (gT^2/2\pi)\tanh kh$	$L = \sqrt{gh} \cdot T^2$
파　속	$c_0 = (gT/2\pi)$	$c = (gT/2\pi)\tanh kh$	$c = \sqrt{gh}$
군 속 도	$c_{g0} = c_0/2 = (gT/4\pi)$	$c_g = nc = (c/2)\{1 + (2kh/\sinh 2kh)\}$	$c_g = c = \sqrt{gh}$
파　고	H_0	$H = K_s \cdot H_0,$ $K_s = [\tanh kh \{1 + (2kh/\sinh 2kh)\}]^{-1/2}$	$H = K_s H_0,\ K_s = (8\pi h/L_0)^{-1/4}$

따른 파장, 파속 및 파고의 변화를 주는 그림이다.

표 5.2 주기와 수심에 따른 파형 [m]

수심(m) ＼ 주기(sec)	3	4	5	6	7	8	9	10	12	15	18	20
1	8.7	12.0	15.2	18.4	21.6	24.8	27.9	31.1	37.4	46.8	56.2	62.5
2	11.3	16.2	20.9	25.6	30.1	34.7	39.2	43.7	52.6	66.0	79.4	88.2
3	12.7	19.0	24.9	30.7	36.4	42.0	47.6	53.1	64.2	80.6	97.0	107.9
4	13.4	20.9	27.9	34.7	41.4	48.0	54.5	60.9	73.7	92.8	111.8	124.4
5	13.8	22.2	30.2	38.1	45.6	53.1	60.4	73.6	82.0	92.8	124.7	138.8
6	13.9	23.1	32.2	40.8	49.2	57.5	65.6	78.9	89.4	103.4	136.3	151.8
8	14.2	24.2	34.9	45.2	55.2	64.9	74.4	83.8	102.3	129.6	156.7	174.7
10	14.3	24.7	35.8	46.9	59.8	70.9	81.7	92.3	113.2	144.1	174.5	194.7
15	14.0	24.9	36.6	48.4	67.6	81.9	95.5	109.0	135.6	173.9	211.8	235.7
20		25.0	38.4	55.0	71.9	88.7	105.1	121.2	152.3	197.4	241.5	270.6
30			39.0	56.0	75.4	96.0	116.7	137.2	176.9	234.1	289.4	325.6
40				56.1	76.2	98.6	122.3	146.3	193.5	261.4	326.7	369.3
50				56.2	76.2	99.5	124.7	151.2	204.7	282.5	357.0	405.4
60					76.4	99.7	125.7	153.7	212.1	298.8	382.0	435.9
80						99.8	126.3	156.0	220.0	321.5	420.5	484.6
100									223.0	335.0	448.0	521.2
140									224.4	346.6	480.1	569.5
200									224.6	350.4	498.8	604.6
수심파	14.0	25.0	39.0	56.2	76.4	99.8	126.3	156.0	224.6	350.9	505.3	623.9

천수역에서의 파고:

$$H=K_s \cdot K_r \cdot K_d \cdot K_b \cdot H_0 \quad \cdots\cdots\cdots\cdots\cdots\cdots\cdots\cdots\cdots\cdots\cdots\cdots (5.\,9)$$

여기서 K_s : 천수계수, K_r : 굴절계수, K_d : 회절계수, K_b : 해저
마찰계수

5.3 바다의 파도

5.3.1 파랑 데이터 정리법

물의 파도는 물에 어떠한 힘을 작용시킴으로써 발생하며 우리들이 바다에서 경험하는 파도는 대부분이 바람이 해면에 미치는 마찰력에 의해서 발생한 것이다. 바람은 그 속도와 방향이 장소에 따라 또 시간에 따라서도 제각각 다르므로 발생하는 파도 역시 그 규모와 진행하는 방향이 다르다. 게다가 어떤 해면에 나타나는 파도는 난바다의 다른 해면에서 전파된 것이므로 매우 복잡한 현상이다. 사정이 이와 같으므로 바다의 파도는 통계적으로 불규칙한 파동으로 다룰 필요가 있다.

이제까지는 한 방향으로 진행하는 파도를 대상으로 설명하였지만 다음은 3차원적으로 다루어 보기로 하겠다. 그림 5.3과 같이 해면에 평면 좌표 x, y를 취하고, z를 연직 좌표로 하면 x축과 θ의 각을 이루는 x' 방향으로 진행하는 기울어진 입사파의 파형의 식은 $x' = kx\cos\theta + ky\sin\theta$이므로 아래 식과 같이 표시된다.

$$\eta(x, y) = a\,\sin(kx' - \sigma t) = a\,\sin(kx' - 2\pi ft)$$
$$= a\,\sin(kx\cos\theta + ky\sin\theta - 2\pi ft) \quad\cdots\cdots\cdots\cdots (5.\,10)$$

무수한 파도의 겹침은 각개 파도의 진폭, 파수, 주파수 및 위상을 각각 $a_n, k_n, f_n, \varepsilon_n$로 하여 다음 식처럼 표현된다.

$$\eta(x, y, t) = \sum_1^N a_n \sin(xk_n\cos\theta_n + yk_n\sin\theta_n - 2\pi f_n t + \varepsilon_n) \quad\cdots\cdots (5.\,11)$$

바다의 한 지점에서 측정된 수위에 관해서는 다음과 같이 쓸 수 있다.

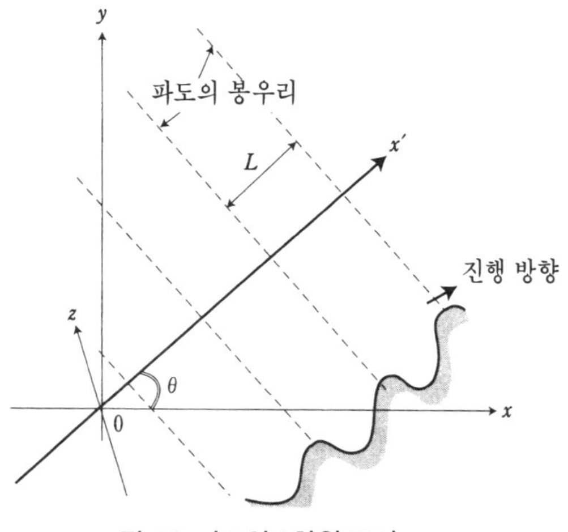

그림 5.3 파도의 3차원 표시

$$\eta(t) = \sum_{1}^{N} a_n \sin(-2\pi f_n t + \varepsilon_n) \quad \cdots\cdots\cdots\cdots\cdots\cdots\cdots\cdots\cdots\cdots\cdots\cdots\cdots (5.12)$$

한 지점에서 연속적으로 측정한 기록일지라도 복잡한 형상을 하고 있다. 이것을 출현한 파순으로 정리한다. 이 때 극히 작은 파도는 무시하고, 또한 정리하는 사람의 개인차가 적은 객관적인 방법을 채용할 필요가 있다. 그러기 위해서는 다음과 같은 제로 업 크로스(zero-up cross)법 또는 제로 다운 크로스(zero-down cross)법이 사용된다.

파형 기록지 위에 평균 해면의 위치를 표시하는 직선을 긋는다. 이 직선을 해면이 상승할 때 교차되는 교차점을 표시하고, 인접하는 교차점 간의 길이, 즉 시간을 주기로 한다. 한 주기에 속하는 산과 골짜기 중 가장 높은 산봉우리와 가장 낮은 골짜기의 고저의 차이를 파고(波高)로 한다. 이것이 제로 업 크로스법이다.

제로 다운 크로스법은 평균 해면을 해면이 하강할 때의 교차점에 대하여 마찬가지로 주기와 파고를 정의하는 것이다. 일정한 관측시간(보통은 약 20분)에 대하여 이렇게 정리된 각개 파도의 크기(주기, 파고)를 시계열(時系列)로 기록한 것이 한 그룹의 관측 데이터가 된다. 파향(波向)이 관측 가능한 경우에는 파향마다 정리한다.

5.3.2 대표파와 유의파

이렇게 획득한 한 그룹의 관측 데이터를 통계적인 대표값으로 나타낼 필요가 있다. 먼저 파고에 착안하여, 파고가 가장 큰 최대파(maximum wave, 그 파고와 주기는 각각 H_{max}, T_{max}로 표시된다), 모든 파에 대한 평균 파고의 평균파(mean wave, 그 파고, 주기는 $\overline{H}$, $\overline{T}$)를 구할 수 있다.

이 밖에 전체 파의 수에서 큰 것에서부터 차례로 늘어놓고, 그중에서 큰 수치에서부터 $1/n$ 파만을 대상으로 한 평균파를 구하여 그것을 $1/n$ 최대파로 정의하고, 그 파고, 주기를 각각 $H_{1/n}$, $T_{1/n}$로 표현한다. 해안공학, 해양공학에서 가장 많이 쓰이는 것이 $n=3$, 즉 1/3 최대파이다.

이것은 유의파(significant wave, 그 파고, 주기는 $H_{1/3}$, $T_{1/3}$)라고 한다. 즉 유의파란, "1회의 관측으로 획득한 파 모두를 파고가 큰 순서로 늘어놓고, 큰 쪽에서부터 헤아려서 모든 파수의 1/3 수까지의 파를 잡아내어 그 파들의 파고의 평균값을 파고, 그 파들의 주기를 주기로 하는 가상적인 파를 이른다". 유의파를 사용한다는 것은, 일정 시간 관측된 불규칙파를 유의파라는 단일 파로 표현한다는 것을 의미한다. 유의파는 경

험적으로 목시 관측에 의한 대표파에 근사한다고 한다. 유의
파의 제원은 바람의 제원(풍속, 바람이 분 시간, 바람이 분 거리)
을 토대로 추정하는 방법이 확립되었다.

5.3.3 1회 관측 데이터의 통계적 성질

앞에 예시한 약 20분간의 관측 데이터를 바탕으로 파고와
주기의 출현 빈도를 조사한다. 파고에 대하여서는 평균 파고
를 중심으로 하는 정규 분포와는 달리 그림 5.4와 같이 전면
으로 기울어진 분포가 되는 것으로 알려져 있다. 이 분포곡선
은 레일리(Rayleigh)분포라고 하는 수식으로 표현된다.

평균파고 $\overline{H}$에서 임의의 파고 H를 제한 $H/\overline{H}$에 대하여 레
일리 분포의 확률 밀도함수 $p(H/\overline{H})$는 아래 식으로 주어진다.

$$p\left(\frac{H}{\overline{H}}\right) = 2\pi \left(\frac{H}{\overline{H}}\right) \exp\left(-\frac{\pi}{4}\left(\frac{H}{\overline{H}}\right)^2\right) \quad \cdots\cdots\cdots\cdots (5.13)$$

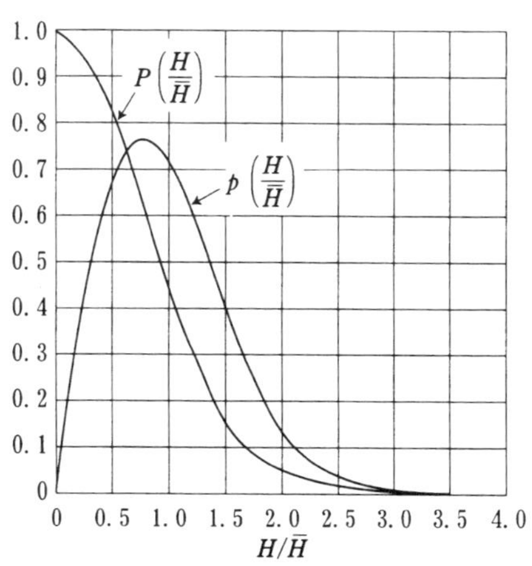

그림 5.4 레일리 분포곡선

이로부터 H보다 큰 파고가 출현할 확률, 즉 초과 확률은 다음 식으로 얻어진다.

$$P\left(\frac{H}{\overline{H}}\right)=1-\int_0^H p\left(\frac{H}{\overline{H}}\right)d\left(\frac{H}{\overline{H}}\right)=\exp\left(-\frac{\pi}{4}\left(\frac{H}{\overline{H}}\right)^2\right) \quad\quad\text{(5. 14)}$$

이들 식을 사용하여 대표파의 관계는 다음과 같이 유도된다.

$$H_{1/3}\fallingdotseq 1.6\overline{H} \quad\quad\quad\quad\quad\quad\quad\quad\quad\quad\quad\quad\text{(5. 15)}$$

$$H_{1/10}\fallingdotseq 2.03\overline{H}\fallingdotseq 1.27H_{1/3} \quad\quad\quad\quad\quad\quad\text{(5. 16)}$$

$$H_{max}/H_{1/3}\fallingdotseq 1.07\sqrt{\log_{10}N} \quad (N\text{이 클 때}, \; N:\text{파수})$$

$$\fallingdotseq 1.53\,(N=100\text{ 일 때} \quad\quad\quad\quad\quad\text{(5. 17)}$$

$$\fallingdotseq 1.86\,(N=1000\text{ 일 때} \quad\quad\quad\quad\text{(5. 18)}$$

5.3.4 장기간의 통계적 성질

파도는 바람에 의해서 일어나므로 해상의 기상과 밀접한 관계가 있다. 따라서 계절에 따른 영향도 크다. 그러므로 파도의 변화를 알기 위해서는 적어도 1년동안 계속 관측을 하여 통계적인 처리로 특성을 파악할 필요가 있다. 또 해상의 시설이나 구조물의 내용(耐用) 연한은 최소 10년은 되어야 한다. 이 경우의 설계파(設計波)를 결정하기 위해서는 적어도 5년 이상의 관측 데이터가 필요하다.

1년간의 매시간 관측 데이터를 바탕으로 파고 빈도도를 작성하면 그림 5.5와 같이 되어 정규 분포와는 다른 양상을 나타낸다. 그러나 가로축에 대수눈금을 채용하면 거의 좌우 대칭의 분포에 가까워진다. 즉 대수 정규 분포곡선으로 근사할 수 있다. 또 10년 이상 장기간의 데이터를 정리하여도 유사한 분포를 얻게 된다 (그림 5.6).

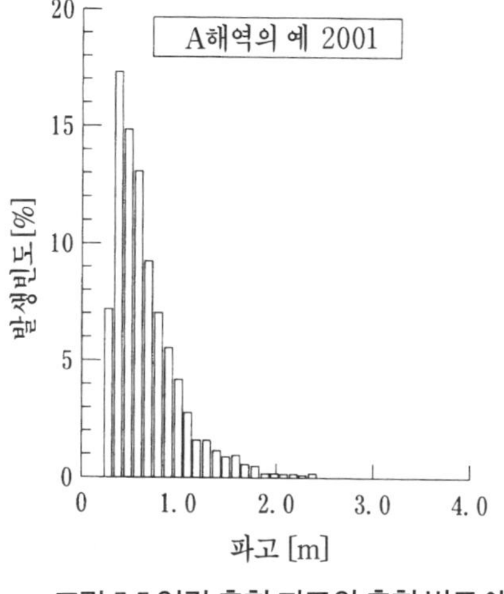

그림 5.5 연간 출현 파고의 출현 빈도 예

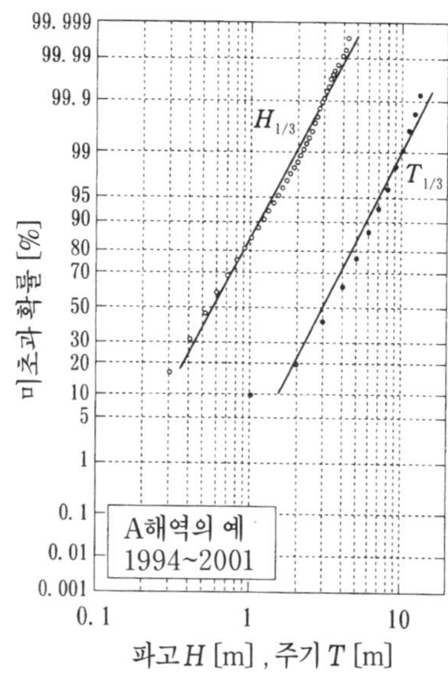

그림 5.6 파고, 주기의 발생 sec 확률의 예

5.3.5 파도의 스펙트럼

해면에는 다양한 파도가 겹쳐서 존재하고 있으므로 그것이 어떠한 파도로 구성되어 있는가를 알 필요가 있다. 이 경우 파도의 주파수 혹은 그 역수의 주기별 에너지 분포를 표현하는 것이 스펙트럼이다(그림 5.6).

η의 제곱 평균이 다음 식으로 표현될 때

$$\overline{\eta^2} = \sum_1^N \frac{1}{2}a_n^2 = \int\limits_0^\infty\int\limits_{-\pi}^\pi S(f,\,\theta)\,d\theta df \cdots\cdots\cdots (5.\,19)$$

$S(f,\theta)$는 방향 스펙트럼이라고 한다.

바다 안의 한 점에서 측정된 경우에는

$$\eta(t) = \sum_1^N a_n \sin(-2\pi f_n t + \varepsilon_n) \cdots\cdots\cdots (5.\,20)$$

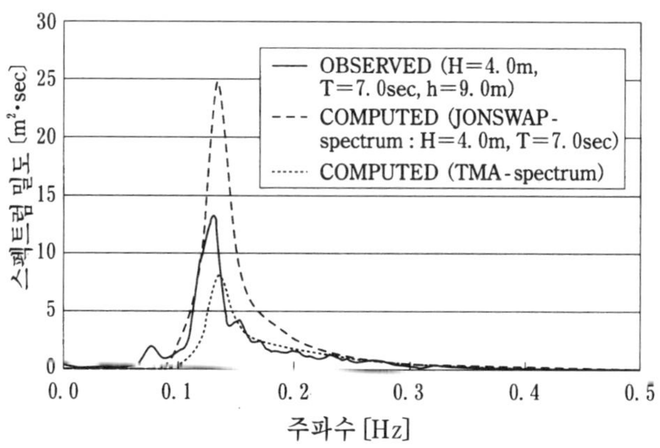

그림 5.7 바다 파도의 스펙트럼 예(일본 북해도 해안)

로 되므로

$$\overline{\eta^2} = \sum_1^N \frac{1}{2} a_n{}^2 = \int_0^\infty S(f)\,df \quad\quad\quad (5.21)$$

로 정의되는 주파수 스펙트럼(1차원 스펙트럼이라고도 한다) $S(f)$가 정해진다.

$S(f)$에 대해서는 여러 가지 제안이 있다. 심수파(深水波)영역에서는 형식적으로 다음과 같이 표현된다. 그림 5.7은 관측된 스펙트럼의 예이다.

$$S(f)=Af^{-5}\exp(-Bf^{-4})\gamma^{\exp\left\{-\frac{\left(\frac{f}{f_p}-1\right)^2}{2\sigma^2}\right\}} \quad\quad (5.22)$$

여기서 계수 A, B의 값은 스펙트럼의 종류에 따라 표 5.3과 같이 된다. 또 f_p는 $S(f)$를 최대로 하는 주파수, 또 σ는 계수이다.

유한 수심의 불규칙파 스펙트럼의 일종인 TMA 스펙트럼은 JONSWAP 스펙트럼을 유한 수심의 파에 적용하기 위해 북해

의 TEXEL, MAERSEN 및 노스캐롤라이나주의 DUCK에서의
관측 프로젝트에서 발견되었다. Bouwa 등에 의한 TMA 스펙
트럼은 식 (5.23)과 같이 주어진다.

$$S(f) = [\text{JONSWAP 스펙트럼 } (f)] \cdot \phi(\omega_h) \quad\cdots\cdots\cdots\cdots\cdots (5.23)$$

여기서

$$\omega_h = 2\pi f \sqrt{h/g} \quad\cdots\cdots\cdots\cdots\cdots\cdots\cdots\cdots\cdots\cdots\cdots\cdots (5.24)$$

$$\phi(\omega_h) = \left[\frac{k(\omega, h)^{-3} \cdot \dfrac{\partial}{\partial \omega} k(\omega, h)}{k(\omega, \infty)^{-3} \cdot \dfrac{\partial}{\partial \omega} k(\omega, \infty)} \right] \quad\cdots\cdots\cdots\cdots\cdots (5.25)$$

$k(\omega, h)$는 유한 수심의 분산 관계식 (5.2)에 의한 파수이다.
그림 5.8은 Kitaigorodski에 의한 $\varphi(\omega_h)$이다.

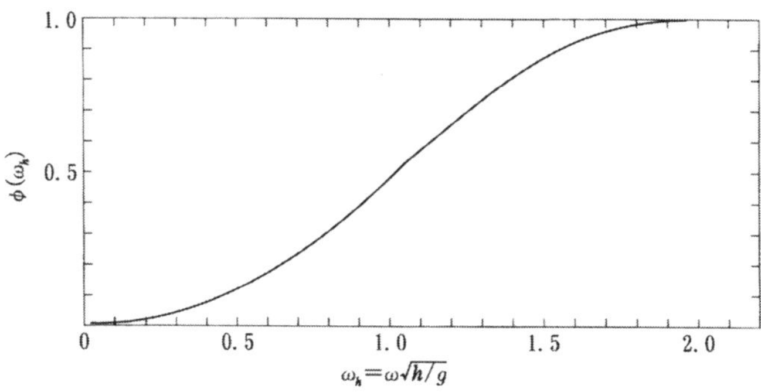

그림 5.8 얕은 수역의 스펙트럼 변화계수

5.4 파도의 에너지

해면 파도의 에너지(Wave Energy)는 해면의 단위 면적당으로 평가된다. 또 실용상 파도의 봉폭(峰幅) 1m당 수면에서 수저까지의 연직 단면을 통과하는 공률(파워)로서의 평가도 필요하다.

5.4.1 규칙파의 에너지(Power of Regular Wave)

그림 5.1에 보인 바와 같은 파고 H(진폭의 2배)인 규칙파의 단위 표면적의 수파 에너지량 E는 위치 에너지 E_p와 운동 에너지 E_k로 구성되고, 그 평균값은 식 (5.1), (5.4), (5.5)를 써서 계산하면 다음과 같이 얻어진다.

$$\overline{E}=\overline{E}_p+\overline{E}_k \quad\cdots\cdots\cdots\cdots\cdots\cdots (5.26)$$

$$\overline{E}_p=w_0\overline{\int_0^{\eta} zdz}=\frac{w_0}{2}\overline{\eta^2}=\frac{w_0}{16}H^2 \quad\cdots\cdots\cdots (5.27)$$

$$\overline{E}_k=\frac{\rho}{2}\overline{\int_0^{\eta}(u^2+w^2)dz}=\frac{w_0}{16}H^2 \quad\cdots\cdots (5.28)$$

$$\overline{E}=\frac{w_0}{8}H^2 \quad\cdots\cdots\cdots\cdots\cdots\cdots\cdots (5.29)$$

이 결과 위치의 에너지와 운동 에너지는 같은 양(等量)이다.

단위 봉폭당의 파워 W[kW/m]는 c_g를 파도의 군속도(Group Velocity)로 하면

$$\overline{W}=\overline{\int_{-h}^{\eta} p\cdot udz}=\frac{w_0}{16}H^2\cdot c\cdot\left[1+\frac{2kh}{\sinh 2kh}\right]=c_g\overline{E} \quad\cdots\cdots (5.30)$$

여기서 c_g는 식 (5.3)으로 주어지는 수파(水波)의 군속도이다.

상대 수심 $h/L \geq 0.5$인 심수파(深水波)의 군속도 $c_{g,0}$는 c_0를 심수파의 파속으로 하여 다음 식이 된다.

$$c_{g,0} = (1/2)c_0 = gT/(4\pi) = gf^{-1}/(4\pi) \quad \cdots\cdots\cdots\cdots\cdots (5.31)$$

식 (5.29)와 식 (5.31)을 식 (5.30)에 대입하여 심수파의 파워는 다음과 같이 얻을 수 있다.

$$W = (1/32\pi)w_0 gH^2 T \quad \cdots\cdots\cdots\cdots\cdots\cdots\cdots (5.32)$$

물의 w_0는 담수에서 1.0 $[\text{tf/m}^3]$ $=9.8$ $[\text{kN/m}^3]$, 해수에서 1.03 $[\text{tf/m}^3]$ $=10.1$ $[\text{kN/m}^3]$ 이다. 따라서 바다 파도의 E, W는 각각 다음 식으로 주어진다.

$$E = 0.129H^2 [\text{tf/m}] = 1.26H^2 [\text{kN/m}] \cdots\cdots\cdots\cdots (5.33)$$

$$W = 0.10H^2 T [\text{tf/sec}] = 0.985H^2 T [\text{kW/m}] \cdots\cdots (5.34)$$

5.4.2 불규칙파의 에너지

불규칙파의 에너지와 파워는 주파수의 스펙트럼으로부터 다음 식으로 얻을 수 있다.

에너지:

$$\bar{E} = w_0 \int_0^\infty S(f) \cdot df \quad \cdots\cdots\cdots\cdots\cdots\cdots (5.35)$$

파워:

$$\bar{W} = w_0 \int_0^\infty S(f) \cdot c_g \cdot df \quad \cdots\cdots\cdots\cdots (5.36)$$

심수파에 대한 $S(f)$로서 JONSWAP 스펙트럼 이외이면 식 (5.22)에서 $\gamma = 1$로 적었을 때 다음 식으로 쓸 수 있다.

$$S(f) = Af^{-5} \exp(-Bf^{-4}) \quad \cdots\cdots\cdots\cdots\cdots (5.22\text{a})$$

식 (5.22a)를 식 (5.35)에 대입하여, E는 다음과 같이 얻을 수 있다.

표 5.3 각종 1차원 스펙트럼

스펙트럼의 명칭	A	B	γ	$\overline{W}$〔kW/m〕
Pierson-Moskowitz	$\dfrac{1}{4\pi}H_{1/3}^2\ \overline{T}_2^{-4}$	$\dfrac{1}{\pi}\overline{T}_2^{-4}$	1	$0.59H_{1/3}^2\ \overline{T}_2$
ISSC(국제선체구조회의)	$0.111H_{1/3}^2\ \overline{T}_1^{-4}$	$0.44\overline{T}_1^{-4}$	1	$0.545H_{1/3}^2\ \overline{T}_1$
Bretschneider	$0.257H_{1/3}^2\ \overline{T}_{1/3}^{-4}$	$1.03T_{1/3}^{-4}$	1	$0.441H_{1/3}^2\ T_{1/3}$
JONSWAP	$0.72H_{1/3}^2\ \overline{T}_1^{-4}$	$\dfrac{5}{4}T_p^{-4}$	3.3	$0.458H_{1/3}^2\ T_{1/3}$

(주) $\overline{T}_1=\displaystyle\int_0^\infty S(f)df\ /\int_0^\infty fS(f)df,\ \overline{T}_2=\sqrt{\displaystyle\int_0^\infty S(f)df\ /\int_0^\infty f^2S(f)df}$

$$\overline{E}=\frac{w_0}{4}\frac{A}{B}=w_0\frac{H_{1/3}^2}{16} \quad\cdots\cdots (5.\,37)$$

또 식 (5.22a)와 식 (5.31)을 식 (5.36)에 대입하여

$$\overline{W}=\frac{w_0\,gA}{16\pi}\frac{\Gamma(5/4)}{B^{5/4}} \quad\cdots\cdots (5.\,38)$$

표 5.3의 주파수 스펙트럼에 대한 A, B를 대입하여 얻은 $\overline{W}$를 표 5.3의 우단에 기록하였다. 단, $w=1.03$〔tf/m³〕$=10.1$〔kN/m³〕으로 하였다. 또 위에 기록한 적분에 있어서는 다음 공식을 사용하였다.

$$\int_0^\infty Af^{-m}\exp(-Bf^{-n})=\frac{A}{n}\frac{\Gamma[(m-1)/n]}{B^{(m-1)/n}} \quad\cdots\cdots (5.\,39)$$

Bretschneider 스펙트럼의 경우에는

$$\overline{W}=0.441H_{1/3}^2\,T_{1/3}\,\text{〔kW/m〕} \quad\cdots\cdots (5.\,40)$$

로 된다. JONSWAP 스펙트럼 이외는 대표 주기의 표현이 다를 뿐 거의 같은 값이다.

JONSWAP 스펙트럼에서는 스펙트럼의 피크 부근의 에너지가 큰 경우가 있어 다음 식이 된다.

$$\overline{W}=0.458H_{1/3}{}^2T_{1/3}\,[\text{kW/m}] \cdots\cdots (5.41)$$

보다 간략한 추정식으로 다음 식이 쓰일 때도 있다.

$$\overline{W}=c_{g,0}\overline{E}=\frac{w_0\,g}{64\pi}\,H_{1/3}{}^2T_{1/3}=0.5H_{1/3}{}^2T_e \cdots\cdots (5.42)$$

여기서 T_e는 평균 주기이다.

5.4.3 천수역에서의 불규칙파 파워

천수 변형, 굴절, 회절의 영향을 받는 얕은 수역에서의 평균 에너지 $\overline{E}$는 변형을 받는 것으로서 식 (5.9)로 추정되는 유의파고 $H_{1/3}$을, 식 (5.34)에 대입하여 구할 수 있다. 그러나 얕은 수역의 불규칙파 파워 계산법에 대하여서는 계산법이 불확정적이다. 그러므로 여기서는 TMA 스펙트럼을 바탕으로 그 개략값을 추정하겠다. 그림 5.7의 $\phi(\omega_h)$를 $\omega_h=1$ 근방에서 Tailor 전개하여 그 제2차 근사를 취하면 $2.5\geq\omega_h\geq0\,(1\geq h/L_0\geq0)$의 범위에서는

$$\phi(\omega_h)\cdot(1/2)\omega_h=\pi f\sqrt{h/g} \cdots\cdots (5.43)$$

로 쓸 수 있다. 이 근사값을 식 (5.33)에 대입하여 아래 식을 얻을 수 있다.

$$\overline{W}=w_0\left(\pi\sqrt{\frac{h}{g}}\right)\int_0^\infty[Af^{-4}\exp(-Bf^{-4})]\cdot c_g\cdot df \cdots\cdots (5.44)$$

천수파 영역의 군속도 c_g는 표 5.1에 기록한 바와 같이 f와 h의 함수이지만 $h/L>0.08$이면 심수파의 군속도 $c_{g,0}$로 오차 10 %의 범위로 근사된다. 따라서 $\overline{W}$는

$$\overline{W}=\left(\frac{w_0}{4}\sqrt{gh}\right)\int_0^\infty[Af^{-5}\exp(-Bf^{-4})]\cdot df=\frac{w_0}{16}\sqrt{gh}\left(\frac{A}{B}\right) \cdots\cdots (5.45)$$

이 결과로 JONSWAP 스펙트럼 이외에서는 심수파 영역에

표 5.4 상대 수심에 따른 파워의 변화

h/L_0	h/L	kh	$c_g/c_{g,0}$	$\overline{W}/\overline{W}_0$
1	1	6. 3	1. 0	1. 0
0. 5	0. 5	3. 1	1. 0	1. 0
0. 3	0. 3	1. 88	1. 11	0. 77
0. 1	0. 14	0. 88	1. 12	0. 44
0. 05	0. 095	0. 60	0. 94	0. 31
0. 04	0. 082	0. 52	0. 88	0. 28
0. 03	0. 07	0. 43	0. 80	0. 24

서의 파워를 $\overline{W}_0$로 하면, 천수 변형 후의 파워 $\overline{W}$는 아래 식으로 추정할 수 있다.

$$\frac{\overline{W}}{\overline{W}_0}=1.4\sqrt{\frac{h}{L_0}} \quad 단,\ 0.04 < h/L_0 < 0.5$$

$$=1 \quad\quad 단,\ h/L_0 \geqq 0.5 \quad\quad\quad (5.\ 46)$$

표 5.4는 위 식의 파도 파워의 비(比)를 적용범위인 h/L_0에 대하여 표시한 것이다. 단, 천수 변형 이외의 영향을 받고 있는 경우에는 $H_{1/3}$은 식 (5.9)에 의하지 않으면 안 된다.

5.4.4 유한 진폭파의 에너지

2차 오더의 규칙파 파워를 Stokes파에 대하여 구한다. 질량 수송을 고려한 속도 퍼텐셜은 식 (5.47)처럼 적을 수 있다.

$$\Phi = At + \phi \quad\quad\quad (5.\ 47)$$

여기서 A, ϕ은 다음과 같이 놓여진다.

$$A = \frac{gka^2}{2\sinh 2kh} = \frac{E}{\rho h}\left(\frac{c_g}{c} - \frac{1}{2}\right) \quad\quad\quad (5.\ 48)$$

$$\phi = \frac{a\sigma \cosh k(h+z)}{k \sinh kh} \cdot \sin\theta - \frac{3a^2\sigma \cosh 2k(h+z)}{8 \sinh 2kh} \cdot \sin 2\theta \quad (5.\ 49)$$

여기서

$$\theta = kx - \sigma t$$

에너지 플렉스는

$$\overline{W} = \int_0^\eta \left\{ p + \frac{1}{2}\rho\left(\Phi_{x2} + \Phi_{z2}\right) + \rho g\left(z + s\right)\right\} \Phi_x dz$$

$$= c_g \overline{E} + \frac{\overline{E}}{c}\left[\frac{gka^2}{2\sinh 2kh} + gs\right] = c_g \overline{E} + \frac{\overline{E}}{c}\left[\frac{gka^2}{2\sinh 2kh} + \frac{ga}{\sqrt{2}}\right]$$

$$= c_g \overline{E}\left[1 + \frac{1}{cc_g}\left\{\frac{gka^2}{2\sinh 2kh} + \frac{ga}{\sqrt{2}}\right\}\right] \quad\cdots\cdots\cdots\cdots\cdots\cdots (5.\,50)$$

여기서

$$s = |\overline{\eta}| = \frac{1}{\sqrt{2}}\,a = \frac{H}{2\sqrt{2}} \quad\cdots\cdots\cdots\cdots\cdots\cdots\cdots\cdots\cdots (5.\,51)$$

미소 진폭파와의 차이를 $T=6\,\mathrm{sec}$, $h=10\,\mathrm{m}$, $H=2\,\mathrm{m}$의 규칙파에 대하여 구한다. 이에 대한 $L_0=56.2\,\mathrm{m}$, $L=48.4\,\mathrm{m}$, $c=8.1\,\mathrm{m/s}$, $c_g=5.7\,\mathrm{m/s}$이 얻어지고, 이로부터 유한 진폭파의 파워는 약 17% 크다.

5.5 파력(波力)

5.5.1 파력의 종류

수중의 물체에 파도가 작용하면 파도가 없는 경우에 받는 수압 이외에 또 다른 힘을 받는다. 그것이 바로 파력(Wave Force)이다.

파력은 파도의 성질(부서진 파도, 부서지지 않은 파도)과 물체의 성질(고립된 작은 물체, 물이 침투되지 못하는 넓은 벽체, 이 두 물체의 중간적인 물체)의 조합으로 정해진다. 다음은 그 개요이다.

5.5.2 고립된 물체에 작용하는 파력

여기서는 부서지지 않은 파도(이하 비쇄파(非碎波)라고 한다)에 대하여 고찰하겠다. 파장에 비하여 물체의 치수가 매우 작으면 파도가 물체를 통과하여도 파도의 에너지 손실이 작고 파형 역시 거의 변하지 않는다. 이 때의 파력의 추정식은 모리슨(Morison)식이라고 하는 다음 식으로 추정할 수 있다.

$$F_T = F_D + F_I \qquad (5.52)$$

여기서 F_T은 전 파력, F_D는 항력, F_I는 관성력으로, 각각 다음과 같이 표현된다.

$$F_D = \frac{w_0}{2g} C_D A_n |v| v \qquad (5.53)$$

$$F_I = \frac{w_0}{g} C_M V_B \frac{dv}{dt} \qquad (5.54)$$

여기서 v는 파도에 의한 속도, A_n은 파대도에 대한 물체의 직각 방향의 투영면적, V_B는 물체의 부피이다. C_D는 항력계수, C_M은 관성력(慣性力)계수이다.

표면이 매끄러운 원주에서는 각각 그림 5.9, 그림 5.10과 같

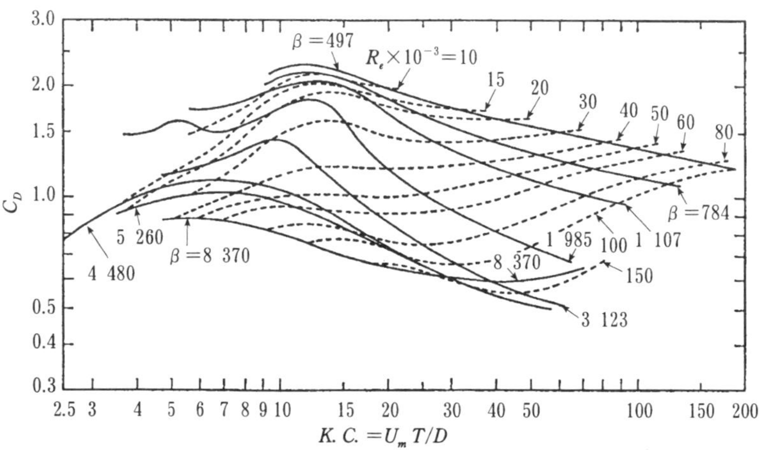

그림 5.9 매끄러운 원주의 항력계수

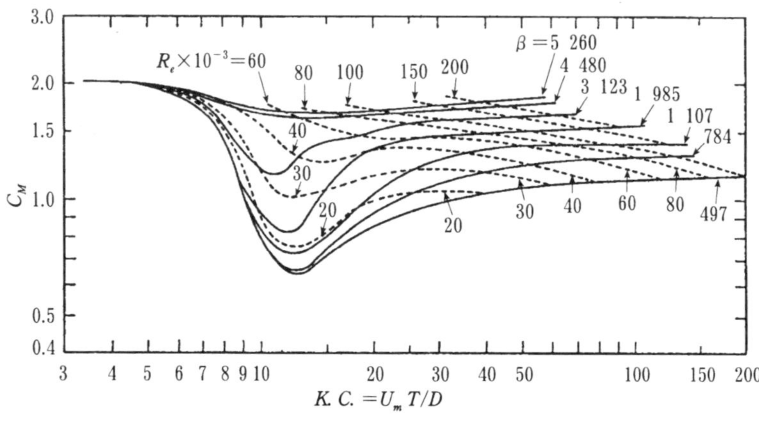

그림 5.10 매끄러운 원주의 질량계수

이 레이놀수(Reynolds number) $Re(=VD/\nu)$와 크리건 카펜터수 $KC(=VT/D)$ 및 β수$=\dfrac{D^2}{T\nu}$에 의해서 정해진다. 여기서 V는 대표 유속, D는 대표 치수, ν는 동점성(動粘性) 계수이다. 파장에 비하여 작은 물체에 작용하는 파력은 물체 중심의 유속 v를 식 (5.53), (2.54)에 대입하여 추정할 수 있다. 이 때 가속도는

$$\frac{dv}{dt} \approx \frac{\partial v}{\partial t}$$

로 근사한다.

파력의 시간적 변화를 조사하기 위해서는 η와 u의 위상을 겹치지 않게 하여 다음과 같이 $\sigma t-kx=\theta'$로 표현하는 것이 편리하다.

$$\eta=\frac{H}{2}\sin\theta' \quad\cdots\cdots\cdots\cdots\cdots\cdots\cdots\cdots\cdots\cdots\cdots\cdots\cdots\cdots\cdots\cdots (5.\ 1a)$$

$$u=\frac{\pi H}{T}\frac{\cosh kh}{\sinh kh}\sin\theta' \quad\cdots\cdots\cdots\cdots\cdots\cdots\cdots\cdots\cdots\cdots\cdots (5.\ 4a)$$

물체의 치수가 큰 경우에는 지점마다 속도가 다르므로 국부적으로 파력을 구하여 그것을 합산한다. 다음은 해저에서 수면 위로 솟아오르는 원주(수직 원주)에 작용하는 수평 파력의 추정식을 유도하겠다.

그림 5.11과 같이 해저의 원주 중심에 좌표 원점을 취하고, 연직 상향의 좌표를 s로 정한다. 원주의 지름 D는 파장 L에 비하여 작으므로 수평 유속 u는 $x=0$의 값으로 대표 시킨다.

s점에 있는 높이 ds의 미소 원주에 작용하는 전 수평파력을 dF_T라 하면

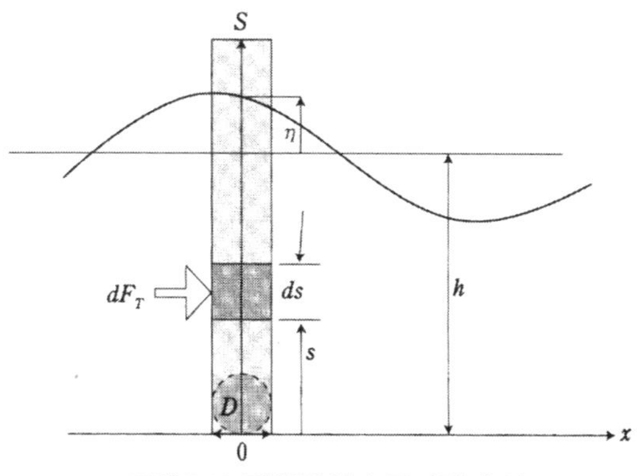

그림 5.11 직원주의 수평파력 추정

$$dF_T = dF_D + dF_I \quad \cdots\cdots\cdots\cdots\cdots\cdots\cdots\cdots\cdots \text{(5. 52a)}$$

$$dF_D = \frac{w_0}{2g} C_D |v| v \cdot D ds \quad \cdots\cdots\cdots\cdots\cdots\cdots \text{(5. 53a)}$$

$$dF_I = \frac{w_0}{g} C_M \frac{dv}{dt} \frac{\pi D^2}{4} ds \quad \cdots\cdots\cdots\cdots\cdots \text{(5. 54a)}$$

따라서 연직 원주에 작용하는 전 수평 파력은 다음 식으로 구할 수 있다.

$$F_T = \int_0^{h+\eta} dF_D + \int_0^{h+\eta} dF_I$$

$$= \frac{w_0 C_D D H^2}{16 \sinh 2kh} \left[\sinh 2k(h+\eta) + 2k(h+\eta) \right] |\sin\theta'| \sin\theta$$

$$+ \frac{w_0 C_M D^2 H}{8 \cosh kh} \left[\sinh k(h+\eta) \right] \cos\theta' \quad \cdots\cdots\cdots\cdots \text{(5. 55)}$$

항력과 관성력은 위상이 $90°$ 엇갈려 출현하므로 전 파력(全波力)의 최대값과 그 출현 시각의 정확한 값은 식 (5.50)으로 구할 필요가 있다. 최대 값의 개략 값을 알기 위한 간략법이 있다.

[계산 예]

수심 10 m의 바다 속에, 물 밑에서 수면 위로 솟아오르는 지름 0.4 m의 곧은 원주를 설치한다. 파고 3 m, 주기 10 sec의 파도에 의한 한 주기의 파력을 항력, 관성력 및 전 파력에 대하여 계산하겠다. 단, 수온은 0 ℃로 하고 원주는 매끄러우며, 그 저항계수와 질량계수는 수면에서의 최대 물 입자 속도를 바탕으로 추정한 것을 사용한다.

미소 진폭파의 파형 식은 $\theta'=2\pi t/T-2\pi x/L$로 하여

$$\eta=\frac{H}{2}\sin\theta' \quad\cdots\cdots\cdots\cdots\cdots\cdots\cdots\cdots\cdots\cdots\cdots\cdots\cdots (\text{i})$$

심수 파장은

$$L_0=\frac{gT^2}{2\pi}=1.56T^2=1.56\times10^2=156\,[\text{m}] \quad\cdots\cdots\cdots\cdots (\text{ii})$$

이 L_0에 대한 상대 수심은

$$h/L_0=10/156=0.0064 \quad\cdots\cdots\cdots\cdots\cdots\cdots\cdots\cdots (\text{iii})$$

또 표 5.2로부터

$$L=92\,[\text{m}] \quad\cdots\cdots\cdots\cdots\cdots\cdots\cdots\cdots\cdots\cdots\cdots\cdots\cdots\cdots (\text{iv})$$

이다.

다음에 수평 물입자 속도의 최대값은

$$U_m=U_{z=0}=\frac{\pi H}{T}\left\{\frac{\cosh 2\pi(h+z)/L}{\sinh 2\pi h/L}\right\}_{z=0}=\frac{\pi H}{T}\coth\frac{2\pi h}{L}$$

$$=\left(\frac{\pi\times3}{10}\right)\times1.64=1.55\,[\text{m/s}]$$

0 ℃에서는 $\nu=0.0179\,[\text{cm}^2/\text{sec}]=1.8\times10^{-6}\,[\text{m}^2/\text{sec}]$

이에 의해서 Re, $K.C.$, β수를 구하면

$$Re = \frac{DU_m}{\nu} = \frac{0.4 \times 1.55}{1.8 \times 10^{-6}} = 3.5 \times 10^5$$

$$K.C. = \frac{U_m T}{D} = \frac{1.55 \times 10}{0.4} = 38.7$$

$$\beta = \frac{D^2}{T\nu} = \frac{0.4^2}{10 \times 1.8 \times 10^{-6}} = 8.9 \times 10^3$$

이 Re, $K.C.$, β에 대하여 그림 5.9에서는 β와 $K.C.$로부터 $C_D \fallingdotseq 0.8$로 추정할 수 있다. C_M의 값은 그림 5.10에 의하면 β가 커지면 완전 유체의 이론값인 2에 근접하는 모양이므로 이것을 채용한다. 이 값을 사용하여 식 (5.55)에 따라 F_D, F_I 및 F_T을 계산한다. 계산 결과는 그림 5.12와 같이 된다.

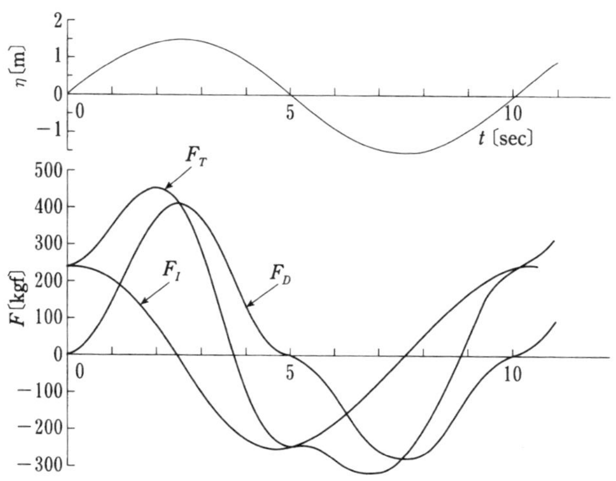

그림 5.12 직원주의 파력 계산 예

5.5.3 불투과 벽체에 작용하는 파력

불투과 벽체에 파도가 작용할 때는 연직방향으로 물 입자의 운동이 다르므로 벽면을 따라 수압강도 p [tf/m²] 가 다르다. 벽면 전체에 대한 최대 파력은 동시에 작용하는 파압합력(波壓合力)에 착안한다.

(1) 중복 파압식

매끄러운 수직 벽면에 파도가 입사하면 파도는 거의 완전하게 반사되어 입사파와 반사파가 겹쳐 중복파가 형성된다. 중복파에 의한 벽면의 최대 수압은 파도의 봉우리가 벽면에 왔을 때에 발생하며 그림 5.13의 왼쪽 가는 실선처럼 된다.

수중에 놓여진 벽체에서는 파도가 없는 그림 오른편의 수역에서는 가는 실선처럼 정수압이 작용하고 있다. 따라서 벽체가 파도의 진행방향에서 받는 파력은 굵은 실선과 같은 분포가 된다. sainflou의 간략 공식에서는 그림 속의 값은 다음 식

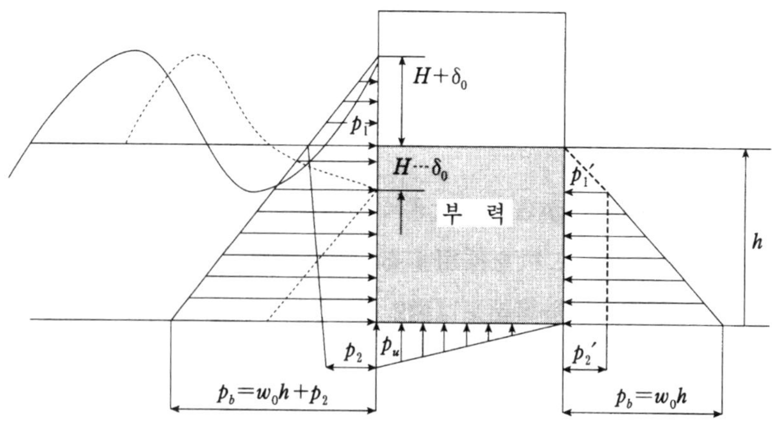

그림 5.13 sainflou의 중복 파압

으로 주어진다.

$$p_1 = (p_2 + w_0 h)\left[\frac{H+h}{H+h+\delta_0}\right]$$

$$p_2 = \frac{w_0 H}{\cosh kh} \qquad\qquad \cdots\cdots\cdots\cdots\cdots\cdots\cdots\cdots\cdots (5.56)$$

$$\delta_0 = \frac{\pi H^2}{L}\coth kh$$

$$p_1' = w_0(H - \delta_0)$$
$$p_2' = p_2 \qquad\qquad\qquad \cdots\cdots\cdots\cdots\cdots\cdots\cdots\cdots\cdots (5.57)$$

전 수평파력의 최대값 P_H는 다음 식으로 주어진다.

$$P_H = \frac{w_0}{2}\left[(h+H+\delta_0)\left(h+\frac{P_2}{w_0}\right) - h^2\right] \cdots\cdots\cdots\cdots\cdots\cdots (5.58)$$

벽체의 수중부분에는 연직 상향의 부력이 작용하는데, 그 값은 보통 정수면(靜水面)을 기준으로 하고 있다. 파도의 작용으로 벽체 바닥면에 부가적인 연직력이 가해지는데, 그것을 양압력(揚壓力)이라고 한다. 파도의 봉우리가 작용할 때 받는 양압력 분포는 그림과 같은 삼각형 분포를 하고 있다.

$$p_u = p_2 = \frac{w_0 H}{\cosh kh} \qquad \cdots\cdots\cdots\cdots\cdots\cdots\cdots\cdots\cdots\cdots (5.59)$$

(2) 쇄파압식

불투과 벽면에 작용하는 파쇄파(부서지는 파도)에 의한 파압은 물리적으로는 현재까지도 규명되지 못한 하나의 현상이지만 공학적인 처리는 대략 정해져 있다.

유속 v의 분류(噴流)에 의한 압력강도 p는 다음 식으로 표현된다.

$$p = k(\rho/2)v^2 = k(w_0/2g)v^2 \quad \cdots\cdots\cdots (5.60)$$

Hiroi는 파쇄파의 물 입자 속도를

$$v = \sqrt{2g\left(\frac{3}{2}H\right)} = \sqrt{3gH} \quad \cdots\cdots\cdots (5.61)$$

로 하고, 그것이 벽면과 45°의 각도로 충돌한다고 하여 다음 식을 얻었다.

$$p = 1.5w_0 H \quad \cdots\cdots\cdots (5.62)$$

이것이 Hiroi식이라는 것이다.

이것을 투수성(透水性)의 마운드 위에 놓여진 벽체에 적용함에 있어서는 그림 5.14와 같은 월파(越波)의 유무에 따라 작용 높이를 변화시킨다.

또 양압력은 (a)의 경우는 삼각형 분포로 하고, p_u를 아래 식으로 한다.

$$p_u = 1.25w_0 H \quad \cdots\cdots\cdots (5.63)$$

(b)의 경우는 벽체 전체가 부력을 받는 것으로 하고 양압력은 고려하지 않는다. 일반적으로 볼 수 있는 잠함(caisson)식 방

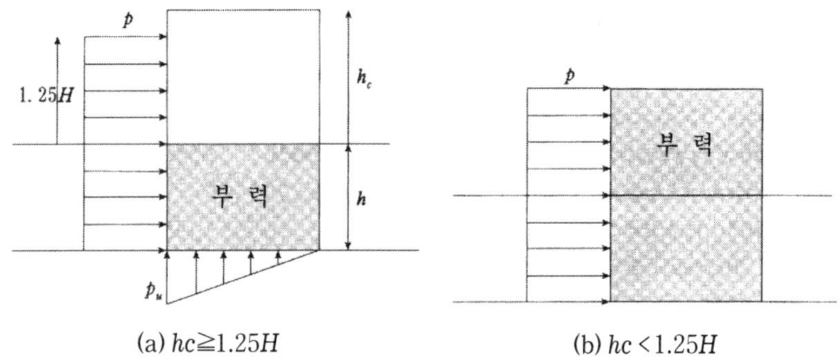

그림 5.14 직립 불투과 방파제에 대한 Hiroi식의 적용

파제의 설계는 sainflou식과 Hiroi식을 파도의 조건

$$h \geqq 2H \quad \cdots\cdots\cdots\cdots\cdots\cdots\cdots\cdots \quad 중복파압$$
$$h < 2H \quad \cdots\cdots\cdots\cdots\cdots\cdots\cdots\cdots \quad 쇄파압$$

으로 구분하여 사용하였다. 그러나 두 파압식의 경계에서는 파압 합력이 불연속으로 되므로 1980년 이후에는 모든 비수심에 적용할 수 있는 아이다(合田)식이 많이 채용되고 있다.

(3) 중간적 물체

작은 물체와 벽체의 중간적인 바다 속 구조물로는 암석이나 블록, 혹은 다공벽, 슬리트 벽처럼 그것을 통과하면 파도가 상당히 변형하는 구조를 들 수 있다.

후자의 파력은 슬리트 부재에 작용하는 파력의 C_D, C_M 값을 바탕으로 추정할 수 있다. 전자는 파력 그 자체보다도 파력을 받은 블록 등 개체의 안정 중량을 추정하는 것이 과제이다.

제 6 장
파력발전 시스템

6.1 파력발전 시스템

파력(波力) 에너지의 원천이 되는 파도는 해상풍에 의해서 발생하며 아득히 먼 곳까지 전파한다. 풍력 에너지는 바람이 부는 장소에서, 그것도 바람이 지속되는 동안에만 이용이 가능하지만, 파력은 풍력권 밖에서도 이용이 가능하고 또 풍력보다 변동이 완만하므로 고밀도의 에너지로 개질할 수 있다.

파력의 이와 같은 성질은 보다 안정된 전력을 보다 싼값으로 공급할 수 있게 한다. 다만 파력은 비정상(非定常)이므로 파력발전으로 정상 전력을 출력하기 위해서는 파동성을 평활화하는 기능이 필요하다. 파력발전을 위해서는 여러 종류의 발전 방식이 연구되었으며, 그중에서도 안테너의 원리를 응용한 것이 관심을 끌고 있다.[1]

해양파는 불규칙하지만 그림 6.1과 같은 고유한 파워 스펙트럼 구조를 하고 있다. 어떤 주파수에 에너지가 집중되어 있

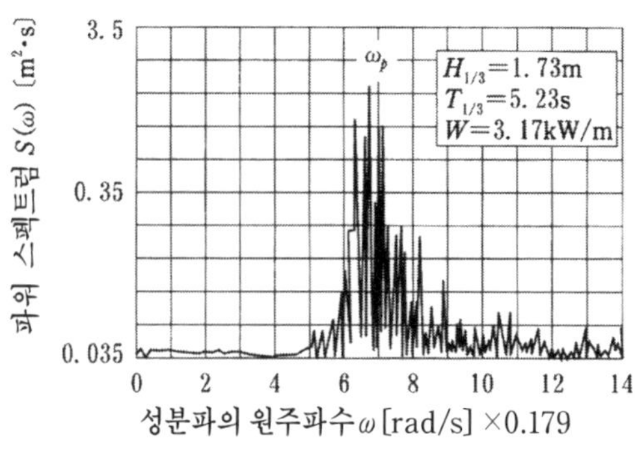

그림 6.1 해양파의 파워 스펙트럼 예(수심 h = 2.75m)

고 그 전후의 에너지는 급격한 감소를 나타낸다. 이와 같은 이유에서, 통계적으로 어떤 규칙성을 가진 불완전한 규칙파로 간주할 수 있으며, 그 규칙성을 바탕으로 안테너 이론을 파력 발전에 적용할 수 있다.[2] 그러나 실제 장치에서는 불완전성을 어떻게 보완할 것인가를 잊어서는 안 된다.

6.2 파력발전의 원리

해양파는 전파 방향의 수직면 안을 물 입자가 원 궤적을 따라 회전운동하며 전파되기 때문에 관찰되는 현상이다. 이 에너지는 50 %의 위치 에너지와 50 %의 운동 에너지가 합성된 에너지이다.

대상으로 선정하는 파도에 따라 운동체를 이용하는 경우를 대상으로 한다면, 파력 발전 방식은 다음과 같이 분류된다.[3]

(가) 진행파를 대상으로 하는 것. 잠함이 불필요하고 효율이 낮다.

ⓐ 물 입자의 회전운동을 이용하는 것

ⓑ 물 입자의 수평운동 성분과 상하운동 성분을 따로따로 이용하는 것.

ⓒ 위치 에너지와 운동 에너지를 따로따로 이용하는 것.

(나) 정상파를 대상으로 하는 것. 잠함을 사용, 효율이 높다.

ⓐ 물 입자의 수평 진동 에너지를 이용하는 것.

ⓑ 물 입자의 상하 진동 에너지를 이용하는 것.

이와 같은 발전 방식은 모두 안테너 이론을 기초로 하고 있다. 안테너의 기계식 구조는 그림 6.2에 보인 강제 진동 모형으로 표시된다. 스프링 하단에 매달린 물체(질량)가 주기성의 외력(파력)을 받아 진동하고, 그 운동 에너지를 댐퍼(발전기)가 흡수한다. 댐퍼는 발전기와 동력 전달장치(왕복운동을 한 방향의 고속 회전운동으로 변환하여 발전기에 전달한다)가 한 쌍을 이룬 구조인데, 합리화와 편리성을 도모하고 있다.

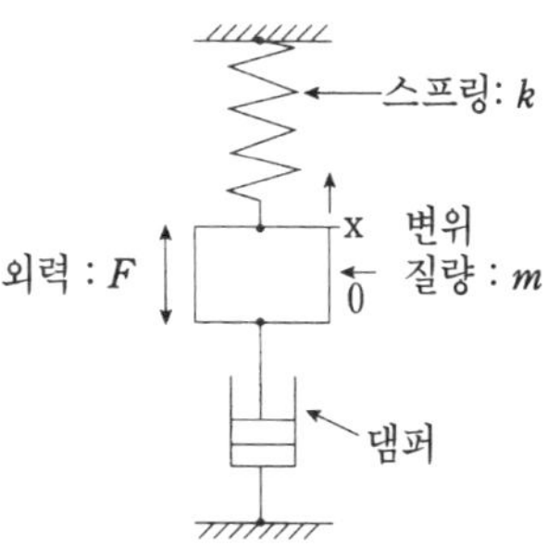

그림 6.2 기계식의 강제 진동 모형

파력발전 장치는 그림 6.2의 기구 모델을 이용한 것으로, 이 운동방정식의 답을 구함으로써 그 특성이 제시된다. 그림은 스프링에 의해서 수직으로 매달린 추(질량)가 주기 진동성의 외력을 받아 상하 방향으로 진동하고, 이 진동 에너지를 추에 직결된 댐퍼가 흡수하는 사실을 나타내고 있다. 파력발전 장치에서는 추(질량)가 운동체, 스프링은 추(질량)의 복원력, 댐퍼는 발전 부하와 조파(造波) 저항, 외력이 운동체에 작용하는 파력이다.

강제 진동 모형의 운동방정식은 다음과 같다. 좌변의 관성력, 점성력 및 스프링력의 합계가 우변의 주기 변동 외력과 평형을 이루고 있다.

$$m\ddot{x} + c\dot{x} + kx = F_0 \sin \sigma t \quad \cdots\cdots\cdots\cdots\cdots\cdots\cdots\cdots\cdots\cdots (6.1)$$

m:운동체의 질량, x:운동체의 평형점에서의 변위, c:댐핑계수, k:스프링 상수, F_0:외력의 진폭, σ:외력의 원주파수, t:시간

식 (6.1)은 진동성의 풀이:식 (6.2)로 표시된다.

$$x = A_0 \sin(\sigma t - \varphi) \quad \cdots\cdots\cdots\cdots\cdots\cdots\cdots\cdots\cdots\cdots (6.2)$$

운동체는 외곽과 같은 진동수로 진동하고 그 진폭 A_0는 식

(6.3)이 된다. 외력에 대하여 식 (6.4)로 표시되는 위상 뒤짐 φ 를 수반한다.

$$A_0 = \frac{F_0}{\sqrt{(k-m\sigma^2)^2+(c\sigma)^2}} \quad \cdots\cdots\cdots\cdots\cdots\cdots\cdots\cdots (6.\,3)$$

$$\varphi = \tan^{-1}\frac{c\sigma}{k-m\sigma^2} \quad \cdots\cdots\cdots\cdots\cdots\cdots\cdots\cdots\cdots (6.\,4)$$

이 진동운동은 운동체와 스프링 사이를 운동체 위치에 따라 에너지가 교차로 이동한다. 또 위상 뒤짐이 90°일 때 외력 에너지 전부가 운동체 구동에 사용되므로 진폭이 최대로 된다. 공진 상태일 때 위상 뒤짐 =90°이므로 고효율 발전조건으로 공진운동을 이용한다(반대로 위상 뒤짐 180°는 운동체에 외력 에너지가 전혀 전달되지 않아 최악의 운전이다. 실제 장면에서 는 동조 불량 외에 댐퍼에 의한 적분 뒤짐에 주의가 필요하다).
　무차원 수로 바꾸어 놓고 진동 상태를 정량적으로 표시한 것이 그림 6.3 및 그림 6.4이다. 파라미터는 진폭:A_0/A_{st}, 주파수:

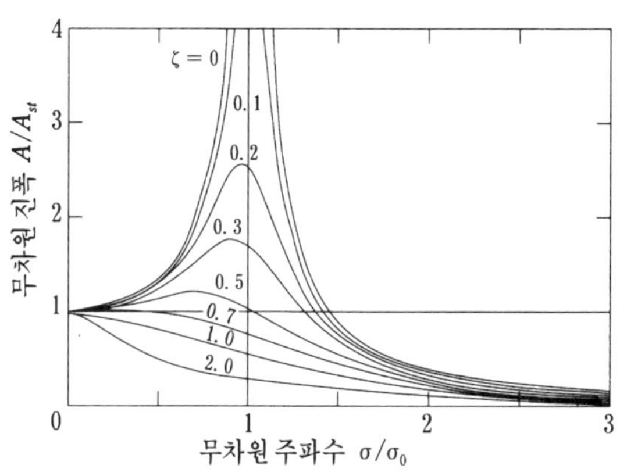

그림 6.3 기계식 강제 진동 모형의 진폭

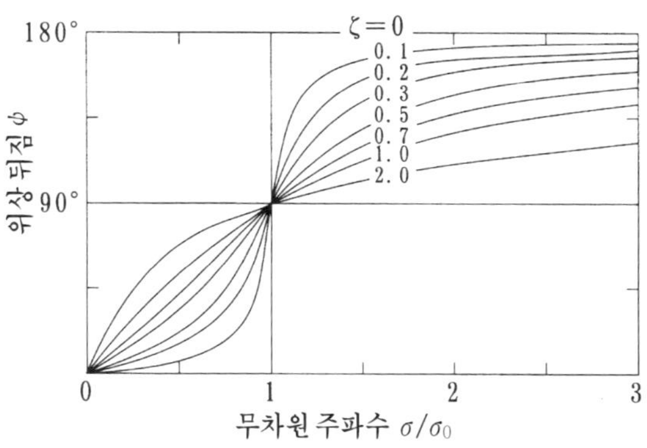

그림 6.4 기계식 강제 진동 모형의 위상 뒤짐

σ/σ_0와 댐핑계수: $\zeta = c/2(mk)^{1/2}$. 여기서 $A_{st}=F_0/k$는 외력에 의한 정적(靜的)인 스프링 변위, $\sigma_0=(k/m)^{1/2}$는 계(系)의 고유 진동수이다.

진폭은 주파수: $\sigma/\sigma_0=1$(공진) 부근에서 최대가 되고, 위상 뒤짐은 주파수 : $\sigma/\sigma_0=1$(공진) 부근에서 $90°$가 되고 ($\sigma/\sigma_0<1$)에서 $0°$를 향하여 감소, ($\sigma/\sigma_0>1$)에서 $180°$를 향하여 증가한다. 이로부터 실용 파력발전에서는 $\zeta \fallingdotseq (0.2\sim0.4)$일 때 공진점에서 다소 저주파 쪽으로 기운 $\sigma/\sigma_0 \fallingdotseq (0.6\sim0.8)$로 선정하면 좋다는 것을 알았다.[4]

운동체에 작용하는 파력이 외력이다. 파도의 위치 에너지에 의한 외력과 파도의 운동 에너지에 의한 외력이 존재하며, 이 외력들은 운동체와 상호작용 관계에 있다. 또 파도의 거동은 밀도 1kg/liter, 비압축성, 점성이 낮은 물이 주어진 경계조건의 중력장 안에서 에너지 법칙에 지배되어 하는 운동이므로 파도 자체가 고유의 특성을 가지고 있다.

파력발전 장치에서는 운동체가 받는 부력에 주목한 것 및 운동체가 받는 동적 압력에 주목한 것이 있다. 두 경우 모두 파도와 운동체의 상호 작용에 따라 외력이 결정된다. 발전효율은 파도와 댐핑의 어떤 겹침 지점에 최적 조건이 있으며, 이를 임피던스 매치라고 한다. 진자식 파력발전에서 보다 더 상세하게 설명하겠다.

이제까지의 설명과 같이, 안테너 원리의 기계식 강제 진동 모형을 이용하여 대표적인 파력발전기 원리를 설명하였다. 실제 장치 구조는 원리의 구체화를 테마로 한 창조 설계 안에서 구축된다. 이 작업은 사회적 니드에 부응할 수 있는 낮은 코스트·고품질 전력을 생산하는 출발점이 된다.

6.3 전력 공급의 과제

   파랑 에너지는 파력발전 장치를 통하여 교류 전력으로 변환된 후에 기존 시설의 전력망을 통하여 소비자에게 공급되는 것이 일반적이다. 전력망에는 많은 발전소와 소비자가 접속되어 있다. 따라서 그 수급관계는 항상 양호하게 유지되어야 한다.

   그림 6.5에 보인 바와 같이, 전력을 공급하는 발전소와 소비자인 도시는 일반적으로 멀리 떨어져 있다. 대전력을 먼 거리까지 경제적으로 송전하기 위해서는 전압을 154kV로 승압하여 송전하고, 수용지에서 약 1/1000의 전압인 100V 내지 200V 등으로 강압하여 사용하고 있다. 이것을 연결하는 전력망은 넓은 범위를 커버하는 방대한 스케일의 시설이다. 이와

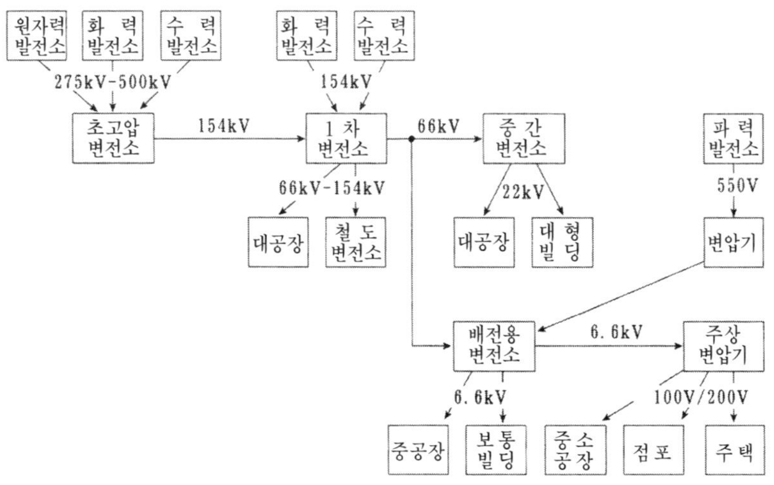

그림 6.5 전력의 공급과 소비

같은 발전소에 비하여 파력발전 시설의 용량은 훨씬 작고 발전기의 출력전압도 낮다. 따라서 거리적으로 대형 발전소에서 멀리 떨어진 지역을 위한 발전시설(분산형)로 이용하는 것이 가장 적합하다. 다만 독립된 발전소인 경우에는 자연 에너지의 본질상 파력발전의 단독 성립은 비경제적이므로 디젤발전 등과의 복합운전이 필요하다. 이 경우 파력발전측은 속도 제어장치가 필요없는 간이형일지라도 적절한 복합 시스템을 조합하면 디젤발전측의 속도제어 지배를 받아 순조로운 운전을 할 수 있다.

자연 에너지 이용 취지에는 지구 자원의 유효 이용도 함께 고려되어야 한다. 때문에 자연 에너지는 재생이 가능할지라도 그 장치 건설에 자원이 소비되므로 최소한 그 소비자원을 상쇄할 수 있는 양의 에너지를 생산해야만 자연 에너지 이용 목적에 부합된다. 이와 같은 의미에서 효율이 좋은 장치가 요구되며, 그 기술적 장벽이 높다. 그림 6.6은 이 관계를 나타낸 것이다.[5]

자연 에너지는 비정상성(非定常性)이다. 따라서 이것을 이용하려면 전력으로 변환하고, 다시 정상 전력으로 개질한 다음 소비지로 송전하여야 한다. 송전은 기존의 송전설비를 이용하여야 경제성이 성립된다. 송전을 원활하게 하기 위해서는 발전 전력의 품질이 일정 수준 이상이어야 한다. 그림 6.6에는 수용가의 요구에 대하여 파력 에너지 쪽에서 어떻게 대응하고, 또 환경·자원·경제성을 배려하면서 전력 공급을 해야 하는가 하는 관점에서 몇 가지 항목을 예거하였다.

복수의 발전기가 공통 전력망에 접속되어 있을 때, 그 발전기의 출력 전력은 모두 동일한 주파수이고, 발전기의 회전속

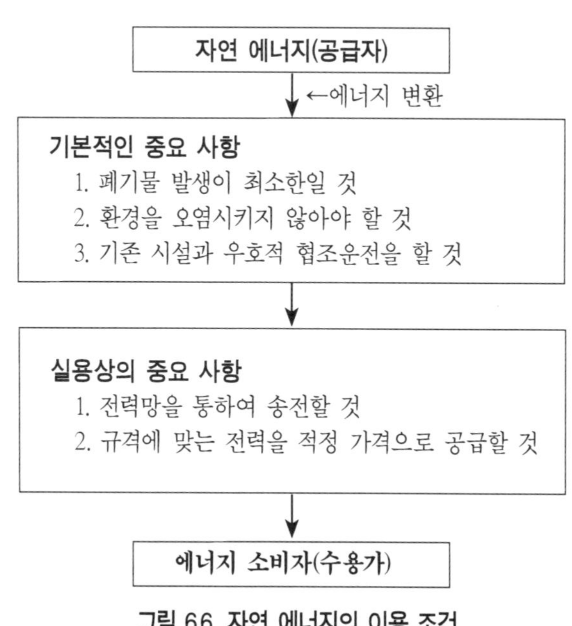

그림 6.6 자연 에너지의 이용 조건

도는 이 제한 아래 놓여진다. 전력망에는 전력을 축적하는 능력이 없으므로 항상 발전과 소비가 평행 상태에 있으며, 소비 변동이 발생하면 그때마다 발전 쪽이 출력을 변화시켜 대응하지 않으면 안 된다.

보통 발전기는 속도 제어장치(governor)가 달린 원동기에 의해서 구동된다. 그리고 가버너에 의해서 자동적으로 소비변동에 적절하게 대응하고 있다. 이와 가은 기존의 발전설비에 파력발전을 연결하여, 파력에 의한 전력을 공급하는 경우, 여기에 파생되는 문제점을 그림 6.5를 참조하면서 검토하여 보자.

① 파력 에너지는 파랑 현상에 지배되므로 양적 변화를 피할 수 없다. 안정된 발전장치와 연합운전(하이브리드)하여 변동에 따른 약점을 극복할 필요가 있다. 그러므로 이 조건에 적합한 특성이어야 한다.

② 출력 쪽에는 가급적 파동 변동성이 나타나지 않아야 한다. 원칙적으로 파동성에 따른 변동분을 흡수·방출하는 에너지 축적 기능이 필요하다. 이 경우, 해상(海象) 변화에 부응하여 에너지 축적 특성(콘넨서 특성)을 리얼타임으로 조정하지 않으면 임피던스 매치가 부조로 되어 발전효율이 떨어진다.

③ 기설 발전장치의 용량에 비하여 파력발전 용량이 훨씬 작은 경우에는 파력 쪽에 가버너를 설비하지 않는 간이 구동이 가능하다. 유도발전기를 전력망에 연결하면 발전기는 라인 주파수의 동기속도에 구속된다. 이 상태에서 준정상 토크를 작동시켜 구동한다. 토크의 평활화와 최적 토크값의 조정이 필요한데, 극히 심플한 시스템으로도 가능하다. 풍력발전에서는 실적이 있다.

④ 파력 장치의 용량이 커지면 좀더 효율적인 방법을 고려해야 한다. 동기발전기를 파랑 현상에 따라 변동하는 속도로 구동한다. AC-DC-AC 변환 장치를 통하여 전력망에 출력하고, 출력 주파수는 전력망의 주파수 시그널에 따라 동기를 취한다. 온라인 컴퓨터 제어를 채용하면 양질의 전력을 효율적으로 발전할 수 있다. 이것은 최근의 대형 풍력발전기에서 실적이 있다.[6]

⑤ 이상과 같이 수용가가 바라는 것은 마음 내키는 대로 쓸 수 있는 안정된 전력이다. 저주파 진동의 파력 에너지를 효율적으로 안정 전력으로 변환하기 위해서는 조건에 부합되는 변환

장치의 도입이 불가결하다. 이와 같은 변동성 동력으로부터 안정된 동력을 생산하기 위해서는 항공기 안의 전원용 동기발전기의 일정 속도 구동법이 참고가 된다. 엔진 동력의 일부를 끌어내어 그 출력 속도를 일정 값으로 제어하는 정유압(靜油壓) 변속 시스템이 채용되고 있다.[7]

6.4 진자식 파력발전 장치

6.4.1 진자(pendlum)식 파력발전 장치

그림 6.7은 진자식 파력발전 장치의 구조도이다. 난바다를 바라보며 개구한 수실(水室)을 잠함(caisson) 안에 준비하고, 이 수실 안에 진행파를 도입하여 반사파와 중합시켜 정상파로 한다. 정상파의 노드(node)에는 왕복 진동류(파도가 갖는 전 에너지가 100%의 운동 에너지만으로 되어 있다)가 발생하므로 이 운동 에너지를 이용하여 발전하는 것이다. 다음과 같은 구조로 되어 있다.[8]

① 왕복 진동류 속에 평판이 달린 진자를 매어달면 흐름으로 인하여 평판 위에 정수압(hydrostatic pressure)이 발생한다. 이것을 구동원으로 하여 진자를 진동시킨다. 노드는 수실 뒤쪽의 벽에서 d≒(1/4) 파장의 곳에 있다.

② 진자운동을 실린더 펌프로 전하여, 펌프가 높은 압유의 왕복 흐름을 만든다. 이것을 정류하여 유압 모터로 보내고, 유압 모터가 발전기를 구동함으로써 발전이 이루어진다.

③ 진자와 수실 안의 물의 상호 작용으로 진자에는 큰 겉보기 질량과 복원력이 작용하여, 진자계는 파력발전에 부합되는 진동 특성을 가질 수 있다. 따라서 태생하면서부터 입사파와 공진하여 운동하는 특기를 가지고 있다.

그림 6.7의 장치에는 다음과 같은 특징이 있다.

① 진자와 입사파의 공진조건이 쉽게 성립된다(본래의 특성을 이용).

② 장치를 설치하면 소파(消波)작용과 잠함에 작용하는 파력 경감의 효과가 있으므로 잠함의 방파기능 향상에 공헌한다(해면의 평온화와 잠함의 안정성 향상).

③ 진자의 운동 궤적과 정상파의 운동궤적이 서로 비슷하여 물의 난류도가 적다. 상호간의 에너지 변환이 원활하게 이루어진다(자연과 장치의 조화).

④ 수실의 형상을 수정하여 진자로의 입사 에너지 밀도를 높이거나 태풍 때의 이상 에너지 입사를 방지할 수도 있다(폭풍우 대책에서 탄생한 성능 향상).

⑤ 실린더 펌프 부하가 최적 값에서 벗어나도 그로 인하여 초래되는 발전효율 저하가 비교적 작다(넓은 고효율 영역).

⑥ 유압 변속기에 의해서 초저주파의 진자운동을 효율적으로 고속 회전으로 변환시킬 수 있다(양자의 성능을 최대로 끌

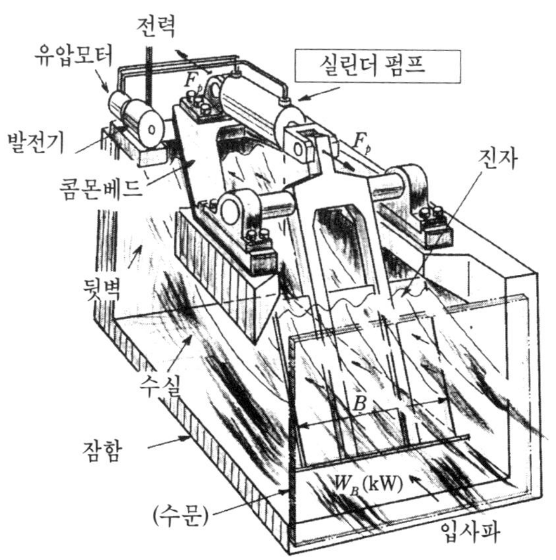

그림 6.7 진자식 파력발전 장치의 구조 (원형)

어내는 중간 시스템).

⑦ 주요 장치가 해면보다 위에 있으므로 보수하기 쉽다(높은 신뢰성).

그림 6.7의 구조를 회로도로 나타낸 것이 그림 6.8이다. 그림 6.8에는 수실 안의 진자 설치 위치와 발전기 구동용의 유압 시스템이 도시되어 있다. 그림 6.7 및 그림 6.8(좌우 방향의 요동 진동)과 그림 6.2의 진동 모형(상하 방향의 수직 진동) 간의 관계는 다음과 같이 설명할 수 있다.

① 운동체의 질량에는 운동체 주위에서 함께 운동하는 물의 질량이 포함된다. 이를 부가수(付加水)의 질량이라 하며, 기계 구조의 운동체 질량보다 몇 배나 크다(후술하는 식 (6.6)을 참조).

② 진자와 뒷벽에 의해서 분할된 수실(수실 길이=d)은 진자에 대해서는 스프링 작용을 한다. 기계 구조체의 무게 중심에 작용하는 중력에도 스프링 작용이 있으며, 이 작용에 의한 합성 스프링과 부가수를 포함하는 운동체의 전 질량 관계에 따라 진자의 고유 진동수가 결정된다. 고효율의 발전을 목표로 할 때 진자는 정상파에 공진할 필요가 있으며, 이 조건을 충족하는 수실의 형상·치수는 진자를 정상파 노드에 위치시키는 조건과 거의 일치한다. 이것은 정상파에 대하여 진자를 동조시키는 '스프링 조정이 불필요'함을 의미하므로 실상 매우 유용한 성질이다.

③ 진자에는 실린더 펌프를 구동하는 데 필요한 힘과 진자 운동에 수반되는 조파력에 의해서 두 종류의 댐핑(dumping)이 작용한다. 펌프 구동과 조파(造波)의 댐핑이 각각 같아지도

록 조정하면 발전효율이 최대가 된다(임피던스 매치). 그러나 출력 쪽에 파동성 진동이 나타나므로 실용상 문제가 된다. 그림 6.8의 구조에서는 이 문제가 해결되었다(다음에 설명).

④ 그림 6.8은 진자의 운동 방향에 따라 2개의 유압 라인으로 나누어 고압유를 송출하여 각 유압 모터를 구동하고 있다. 각 라인에는 선형 축압기가 접속되고, 이 특성의 영향이 라인의 압력 변화로 나타난다. 한 대의 발전기를 그림에 제시한 시스템에 따라 2대의 유압 모터로 구동할 때, 상호작용이 작용하여 유압 모터의 토크 변동이 상쇄된다. 결과적으로 출력 쪽의 파동성 진동이 거의 소멸한다. 또 축압기의 선형 상수를

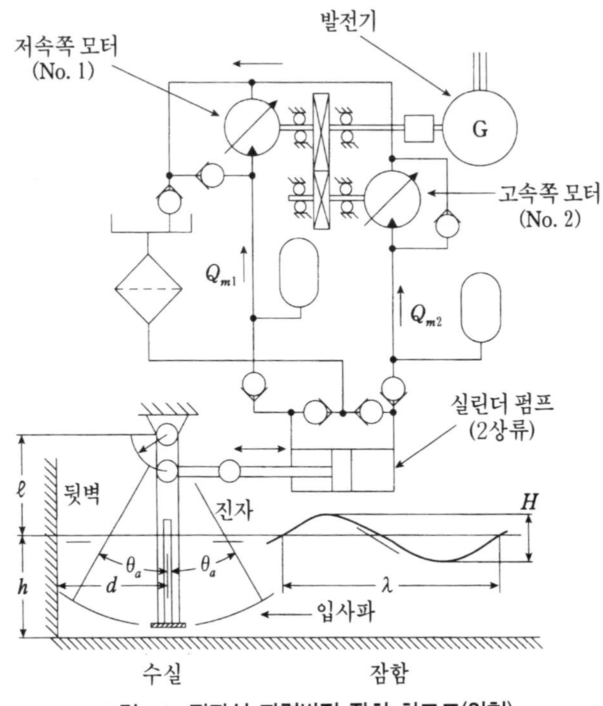

그림 6.8 진자식 파력발전 장치 회로도(원형)

적절하게 선정하면 파랑현상의 변화와는 상관 없이 늘 임피던스 일치가 성립하여 고효율의 발전을 할 수 있다. 실용상 편리성을 고려한 시스템으로 되어 있다. 그림 6.9는 시간 경과에 따른 변동 상태를 표시한 설명도인데, 180° 위상차로 인한 상쇄작용으로 출력 변동이 미소화되어 있다.[9]

6.4.2 진자식 파력발전의 이론

(1) 선형이론

그림 6.9에 보인 바와 같이, 진자식 파력발전 장치의 실린더 펌프 부하는 진자의 운동 방향에서 전환되고, 전환점에서 불연속으로 되어 있다. 이때문에 진자는 비선형 특성이며 그림 6.2 모형의 선형특성과는 다르다. 또 진자에 대한 외력(파력에 의한)도 그림 6.2 모형의 경우보다 일그러져 있다. 그러나 실제 장치는 질량이 크고 또한 조파 댐핑(선형)이 50 %를 점유하므로 진자는 거의 선형운동하는 것으로 관측되고 있다. 따라서 진자식 파력발전 장치의 특성을 취급이 용이한 선형이론으로 대용하고, 예비 검토하여 두기로 하겠다.

파도의 운동은 비점성, 비압축, 소용돌이가 없다고 가정한 속도 퍼텐셜을 사용하여 설명할 수 있다. 이것을 그림 6.2의 강제 진동 모형(선형)에 적용하면, 파도와 장치의 역학관계가 명확하게 도출된다. 그림 6.7, 그림 6.8의 진자식 장치에 적용하면 실린더 펌프에 대하여 펌프 속도 비례형의 선형 부하가 작용한다고 가정한 것이 된다. 펌프의 토출 쪽 초크 조리개(선형 저항)가 삽입된 경우에 상당하다.[10]

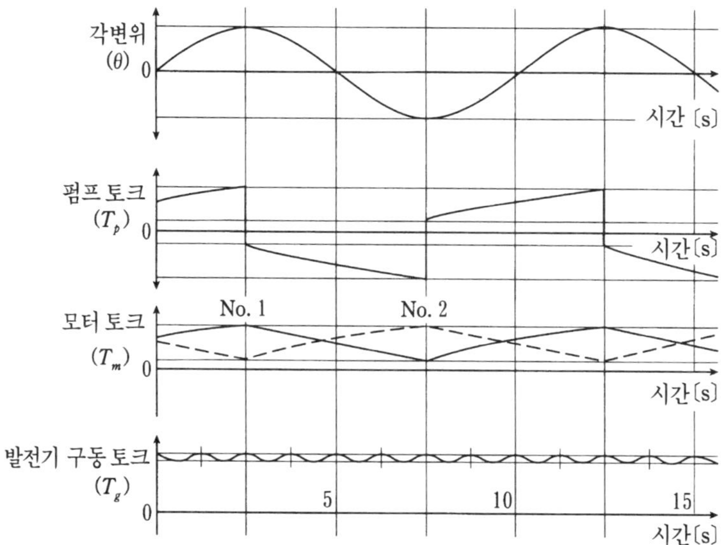

그림 6.9 진자식 파력발전 장치의 응답 특성 설명도

진자가 수실 안에서 정현파상의 요동을 하면서 발전할 때 진자 축 위에 작용하는 토크는 식 (6.5)로 표시하는 평형상태에 있다. 좌변의 저항 토크, 관성에 의한 것, 댐핑에 의한 것, 스프링에 의한 것의 합계가 우변의 구동 모멘트(파력)과 균형을 이루고 있다.

$$\sum I\ddot{\theta} + (N_0+N)\dot{\theta} + \sum K\theta = M_0 \sin\sigma t \quad\cdots\cdots\cdots (6.5)$$

여기서 $\sum I = I + I_0$로 부가수를 포함하는 진자의 관성 모멘트, θ : 진자 경사각, N_0 : 펌프 부하 토크에 의한 댐핑계수, N : 조파에 의한 댐핑계수, $\sum K = K + K_0$: 복합 스프링계수(비틀림), M_0 : 파력에 의한 가진(加振)모멘트의 한쪽 진폭.

너비 B인 진자에 대한 부가수의 관성 모멘트 I는 수실, 파도 주파수 등의 함수이고 식 (6.6)으로 표시된다. 여기서 P는 물의 밀도, g는 중력의 가속도, h는 수실 안의 물의 깊이, d는 뒷벽에서 진자까지의 수평 거리, l은 진자 지지점에서 정수면까지의 거리이다.

$$I=\sum_{n=1}^{\infty} \frac{2\rho B Y_n^{\,2}}{k_n^{\,4} X_n}\left(1+\frac{1}{\tanh k_n d}\right)+\rho B\left\{\frac{-2Y_0^{\,2}}{k_0^{\,4} X_0 \tan k_0 d}+\frac{gh^2(l+h/2)^2}{\sigma^2 d}\right\}$$

$$\cdots\cdots\cdots (6.6)$$

$$N=\frac{2\rho B Y_0^{\,2}\sigma}{k_0^{\,4} X_0}\cdots\cdots\cdots\cdots\cdots\cdots\cdots\cdots\cdots\cdots\cdots (6.7)$$

$$X_0=\sinh(k_0 h)\cosh(k_0 h)+k_0 h \cdots\cdots\cdots\cdots\cdots\cdots\cdots (6.8)$$

$$Y_0=k_0 l\sinh(k_0 h)+\cosh(k_0 h)-1 \cdots\cdots\cdots\cdots\cdots (6.9)$$

$$X_n=\sin(k_n h)\cos(k_n h)+k_n h \cdots\cdots\cdots\cdots\cdots\cdots\cdots (6.10)$$

$$Y_n=k_n l\sin(k_n h)-\cos(k_n h)+1 \cdots\cdots\cdots\cdots\cdots\cdots (6.11)$$

정현파(正弦波)상의 규칙파가 입력할 때 진자에 작용하는 구동 모멘트의 진폭은 다음 식으로 나타낸다.

$$M_0=-\frac{\rho B Y_0 \sigma^2 H}{k_0^{\,3}\sinh k_0 h}\cdots\cdots\cdots\cdots\cdots\cdots\cdots\cdots\cdots\cdots (6.12)$$

여기서 H:파고, 파수 k_0 및 k_n은 각각 다음 식으로 표시되는 관계에 있다.

$$\sigma^2=gk_0\tanh k_0 h, \quad \sigma^2=-gk_n\tan k_n h, \cdots\cdots\cdots\cdots\cdots (6.13)$$

$\sum K=K+K_0$:복합 스프링계수(비틀림)에서, K:수실에 의한 스프링계수(비틀림)는 식 (6.14)로, K_0 :진자 자중에 의한 스프링계수(비틀림)는 식 (6.15)로 표시된다.

$$K=\frac{\rho g B h^2(l+h/2)^2}{d}\cdots\cdots\cdots\cdots\cdots\cdots\cdots\cdots\cdots\cdots\cdots (6.14)$$

$$K_0=l_g mg\cdots\cdots\cdots\cdots\cdots\cdots\cdots\cdots\cdots\cdots\cdots\cdots\cdots\cdots (6.15)$$

여기서 I_g : 진자 지지점에서 진자 무게 중심점까지의 거리,
m : 진자 질량.

식 (6.5)의 운동방정식 풀이는 다음과 같이 나타낸다.

$$\theta = (A_0{}^2 + B_0{}^2)^{1/2} \sin(\sigma t + \varepsilon) \quad \cdots\cdots\cdots (6.16)$$

$$A_0 = \frac{-\sigma(N_0 + N)}{(\sum I)^2(\sigma_0{}^2 - \sigma^2)^2 + \sigma^2(N_0 + N)^2} M_0 \quad \cdots\cdots (6.17)$$

$$B_0 = \frac{(\sum I)^2(\sigma_0{}^2 - \sigma^2)}{(\sum I)^2(\sigma_0{}^2 - \sigma^2)^2 + \sigma^2(N_0 + N)^2} M_0 \quad \cdots\cdots (6.18)$$

위상 뒤짐 : ε와 진자의 고유 원진동수 : σ_0는 각각 다음과 같이 나타낸다.

$$\varepsilon = \tan^{-1}\frac{A_0}{B_0} \quad \cdots\cdots (3.19), \qquad \sigma_0 = \sqrt{\frac{\sum K}{\sum I}} \quad \cdots\cdots (6.20)$$

파도의 주기 : T 사이에 진자에 입사하는 파도의 에너지 E_B의 크기는 식 (6.21)로 표시된다.

$$E_B = \frac{1}{4}TB\left(\frac{H}{2}\right)^2 \rho g \frac{\sigma}{k_0}\left(1 + \frac{2k_0 h}{\sinh 2k_0 h}\right) \quad \cdots\cdots\cdots (6.21)$$

실린더 펌프가 파도의 주기 T 사이에 흡수하는 에너지 W_C는 다음과 같이 된다.

$$W_C = \frac{1}{2}N_0 \sigma^2(A_0{}^2 + B_0{}^2)T \quad \cdots\cdots\cdots (6.22)$$

진자식 파력발전 장치의 에너지 변환효율 η_B는 $\eta_B = W_0/E_B$이므로 다음 형태로 된다.

$$\eta_B = \frac{4\sigma^2 N_0 N}{(\sum I)^2(\sigma_0{}^2 - \sigma^2)^2 + \sigma^2(N_0 + N)^2} \quad \cdots\cdots\cdots (6.23)$$

식 (6.23)에서

① 공진조건 : $\sigma_0 = \sigma$

② 임피던스 매치조건 : $N_0 = N$

이 성립할 때 식 (6.23)은 $\eta_B=1$이 되어, 입사파 에너지 모두가 펌프에 흡수되는 것을 나타내고 있다. 이때 $A_0=M_0/2\sigma N$, $B_0=0$, $\varepsilon=\pi/2$이다. 이 경우 진자의 흔들림각 θ는 다음 값이 된다.

$$\theta=-\frac{M_0}{2\sigma N}\cos\sigma t \cdots\cdots\cdots (6.24)$$

이 진폭 θ_0는 식 (6.25)로 표시되며, 무부하 운전 때는 진폭 $=2\theta_0$이다.

$$\theta_0=\frac{k_0 X_0 H}{4Y_0 \sinh k_0 h} \cdots\cdots\cdots (6.25)$$

실린더 펌프에 의한 부하 토크가 진자 축에 작용한다. 상기 조건일 때 그 피크값 $T_{p\max}$는 다음 식으로 표시된다.

$$T_{p\max}=\sigma N\theta_0 \cdots\cdots\cdots (6.26)$$

이 조건을 지키면 최고 효율을 얻을 수 있다. 그러나 발전기 구동 토크에 그림 6.10의 큰 변동이 나타나므로 전력의 품질이 떨어져 사용할 수 없다.

(2) 비선형이론

진자식 파력발전 장치의 특성은 출력 변동을 제외한다면

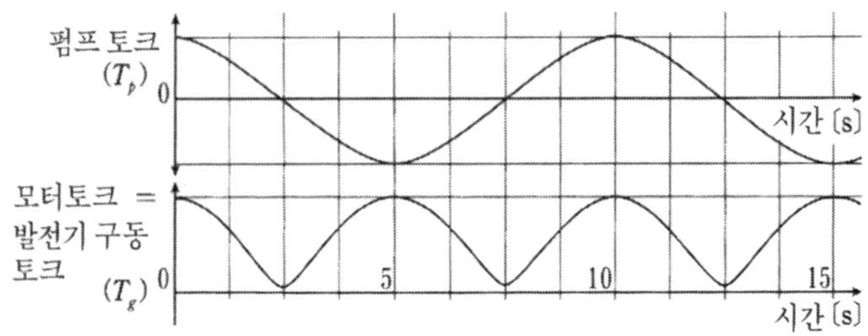

그림 6-10 선형 특성의 파력발전 장치에서의 발전기 구동 토크

전술한 선형이론에 의해서 대체적으로 이해할 수 있다. 또 그림 6.8의 진자장치용 회로에 의하면 "출력 평활화와 임피던스 매치"가 양립된다는 사실이 조파(造波) 수조 실험을 통하여 확인되었다. 이와 같은 지식을 피드백하여, 본질을 간과함이 없이, 또한 수고로움을 더는 수단으로 다음 항의 아이디어를 후술하는 비선형 해석에 채용하였다.[11),12)]

비선형 해석에서의 가정

① 진자의 요동은 비선형 부하 운전에서도 정현파상이라고 간주한다.

② 진자에 작용하는 구동 모멘트는 선형 부하 운전일 때와 같은 진폭·주기이다.

③ 진자계의 파라미터:관성 모멘트, 스프링 상수, 조파 댐핑 계수는 선형부하 운전 때와 같은 값이다.

④ 펌프 부하에 의한 댐핑은 그림 6.9에 표시되는 불연속 특성이다.

⑤ 1주기 사이에 조파로 인하여 소비하는 에너지와 펌프 구동으로 인하여 소비하는 에너지가 같을 때, 임피던스 매치가 성립한다.

진자운동방정식은 다음 형태가 된다. 부하 댐핑:$N_0\theta$를 대체하여 펌프 부하토크 T_p이 들어 있다. T_p는 스위칭 회로에 의해 (+), (−)부호가 전환된다.

$$\sum I\ddot{\theta} + N\dot{\theta} + \sum K\theta \pm T_p = M_0 \sin\sigma t \quad\cdots\cdots\cdots (6.27)$$

펌프 부하 토크 T_p는 진자 축에 직결된 회전펌프(밀쳐내는 용적:D_p)를 사용할 때 다음과 같이 된다(후술하는 바와 같이 실린더 펌프를 직결형 회전 펌프로 대체하면 펌프 반발력에 따른 충격력을 무시할 수 있을 만큼 감소한다. 장치의 내구성이 향상되고 해역에 거치하는 작업도 용이하다.)

$$T_p = \frac{D_p(p_m + \Delta p)}{2\pi\eta_t} \quad\text{(6. 28)}$$

토크 T_p는 $d\theta/dt < 0$: 진자가 반시계 방향으로 돌 때 (+), $d\theta/dt > 0$: 진자가 시계 방향으로 돌 때 (−)이다. 여기서 D_p : 펌프 밀쳐내기 용적, p_m : 펌프 토출 입력, Δp : 펌프 모터간의 압력차, η_t : 펌프의 토크 효율이다.

펌프는 2개의 라인 No. 1 및 No. 2를 향하여 교대로 오일을 토출한다. 이 압력을 각각 p_{m1}, p_{m2}로 표시할 때 그 거동은 질량불감법칙에 따라 다음 식으로 나타낸다.

$$p_{m1} = (p_{a10} - \Delta p) + \frac{k_a D_p}{2\pi}\int|\dot\theta|dt - k_a n_g\int D_{m1}dt \quad\text{(6. 29)}$$

식 (6.29)에서 $d\theta/dt > 0$의 영역은 $|\dot\theta| = 0$로 간주한다.

$$p_{m2} = (p_{a20} - \Delta p) + \frac{k_a D_p}{2\pi}\int|\dot\theta|dt - k_a n_g\int D_{m2}dt \quad\text{(6. 30)}$$

식 (6.30)에서 $d\theta/dt$의 <0 영역은 $|\dot\theta| = 0$로 볼 수 있다.

여기서 p_{a10}, p_{a20} : 각 축압기의 초기 압력, n_g : 발전기의 회전속도, D_{m1}, D_{m2} : 각 모터의 밀쳐내기 용적, k_a : 축압기의 계수이다.

축압기는 그림 6.11 (b)에 보인 선형 스프링식을 사용한다. 축압기 안의 압력은 축압기 안에 포착된 오일 부피 V_a에 비례하며, 선형 특성이 된다.

$$p_a = k_a V_a \quad\text{(6. 31)}$$

시간의 $0 \sim t_0$ 경과하는 사이에 펌프가 흡수하는 에너지 W_p

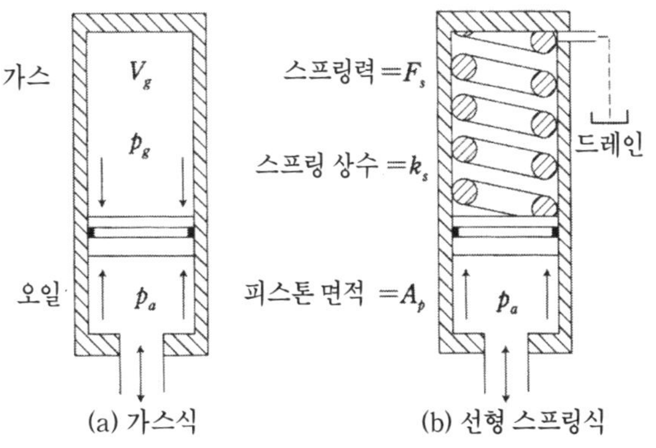

그림 6.11 축압기의 구조

는 다음 식으로 표시된다.

$$W_p=\int_0^{t_0} T_p\dot{\theta}dt \cdots\cdots (6.32)$$

마찬가지로 하여, 이 동안에 진자가 하는 조파작업 W_w는 다음 식으로 표시된다.

$$W_p=\int_0^{t_0} N\dot{\theta}^2 dt \cdots\cdots (6.33)$$

임피던스 매치는 $W_p=W_w$일 때 성립한다. 또 공진운전의 조건을 만족시키면 발전효율이 최고가 될 뿐만 아니라 출력측의 주기 변동이 상쇄되어 선형부하 운전에서 치명적인 문제였던 출력변동이 해결된다.

일본 북해도에 소재하는 무로란(室蘭)공대에서는 해역 실험용 진자(지지점에서 하단까지의 길이 6.9 m)의 1/5.3 스케일 모델(지지점에서 하단까지의 길이 1.3 m)을 사용하여 해역실험과 동시에 수조실험을 실시하였다. 이 경우의 효율특성(펌프가 흡수한 에너지와 입사한 파도 에너지의 비로, 1차 변환효율이다)을 전술한 이론식에 따라 구한 결과의 한 예(파도 주기 $T=1.4\,$s,

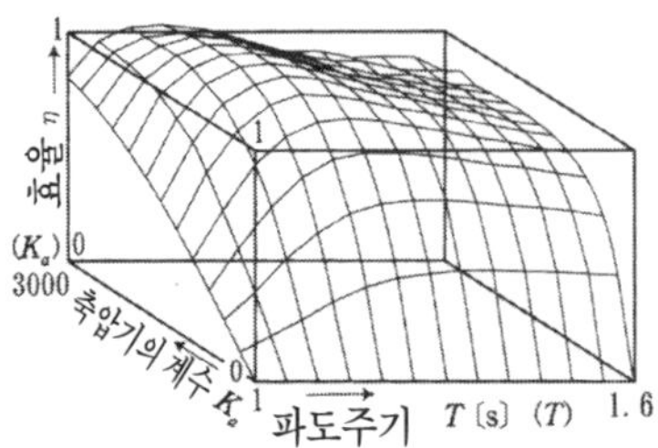
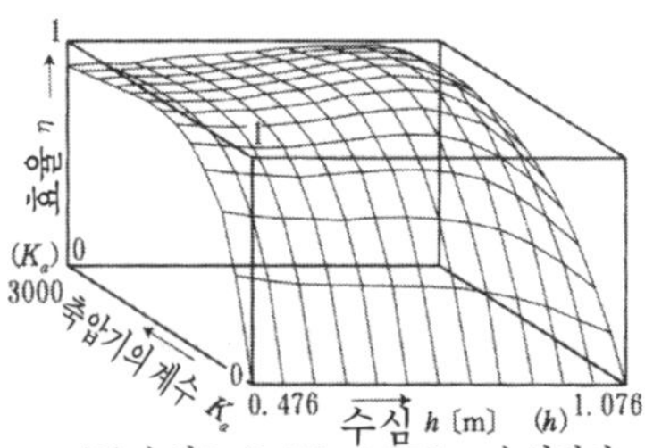

(A) 수심 h=0.46m, 수실길이 d=0.625m, 파도주기 T=1.0~1.6s
효율이 최대가 되는 파라미터값 : K_a=2000, T=1.2s, η=1.08

(B) 수심 h=0.476~1.076m, 수실길이 d=0.625m, 파도주기 T=1.4s
효율이 최대가 되는 파라미터값 : K_a=2000, h=0.876m η=1.07

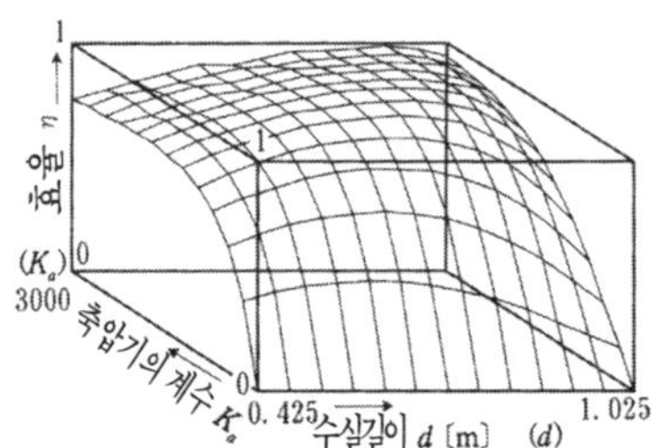

(C) 수심 h=0.46m, 수실길이 d=0.425~1.025m, 파도주기 T=1.4s
효율이 최대가 되는 파라미터값 : K_a=1750, d=0.825s η=1.08

그림 6.12 (a) 비선형 부하운전의 효율(수치 시뮬레이션의 예)

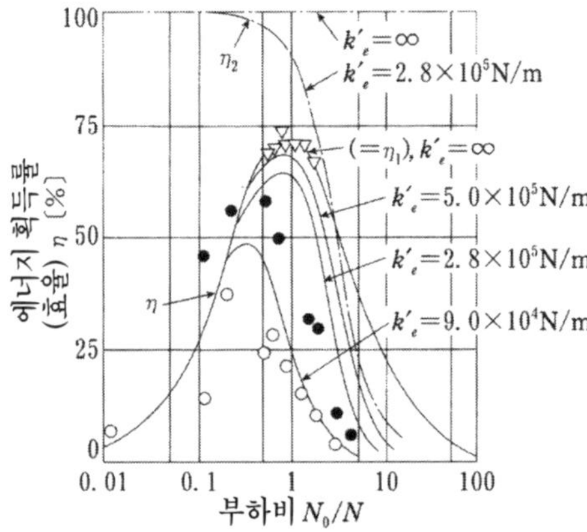

그림 6.12 (b) 비선형 부하운전의 효율(모델 실험의 예)

그림 6.13 수조 실험용의 진자식 파력발전 장치 모델

수심 h=0.368 m, 0.460 m, 축압기 계수를 변화시킨 경우)가 그림 6.12이다. 어떤 계수값의 축압기를 사용하였을 때 효율이 최대가 되지만, 그 최고 효율 영역이 넓기 때문에 실용상 계수값 선택에는 충분한 허용폭이 있다. 그림 6.13은 수조실험에 사용한 진자식 파력발전 장치의 모델이다.

그림 6.12 (a)는 각 부에 발생하는 에너지 손실을 무시한 결과이고, 수조실험의 결과(그림 6.12 (b))는 이 값의 60~70 % 정도로, 예상한 손실 외에도 자동 전환밸브에 시간 지연과 적분 지연으로 인한 에너지 손실이 있었다. 해역 실험에는 이 대책이 강구되었다.[13]

비선형 부하운전은 위에서 설명한 바와 같이 우수한 결과를 초래하였다. 해역실험 장치를 사용하여 선형부하 운전과 비선형 부하 운전을 비교한 결과, 해역 환경에 대한 비선형 부하 운전의 적합성도 가담하여 우수한 발전효율을 발휘한다는 사실이 판명되었다.

6.5 동력 변환기구와 유압변속기

실린더 펌프는 진자장치의 강도 구조부에 대하여 피로 파괴의 원인이 된다는 것을 알았다. 대책으로는 직결형 로터리 펌프로 대체시켰다. 그림 6.14는 로터리 벤 펌프를 진자 축 끝에 직결한 진자식 파력발전 장치의 구조도이다. 잠함(caisson)이 펌프의 리액션 토크를 직접 받쳐서 피로문제가 해결된다. 사전에 펌프와 진자를 공장에서 조립한 다음, 조립체로 해상에 거치할 수 있다. 해상작업을 크게 간소화할 수 있고, 단시간에 그것도 안전하게 작업을 끝낼 수 있다.[14),15)]

로터리 벤 펌프를 사용한 진자장치의 회로도를 그림 6.15에 보기로 들었다. 펌프는 정용량(定容量)형, 모터는 가변용량형을 결합한 것이다. 비교적 광범위한 변속용에 적합하다. 파랑 등 해상 변화로 인하여 입사된 에너지가 변화하면 임피던스 매치 조건상 펌프의 토출 유량과 토출 압력도 변화한다.

이 상태에서도 발전기를 일정 속도로 구동할 필요가 있으므로 모터 밀어내기 용적의 조정이 이루어진다. 아날로그 유입 신호에 의한 자동제어 방법이 발표되었다.

그림 6.16은 진자식 파력발전용으로 개발된 로터리 벤 펌프의 구조이다. 케이싱 안에 2장의 벤(vane)을 가진 로터가 동심 위치에 삽입되어 있다. 케이싱에는 2장의 고정 벤이 있으며, 이들 4장의 벤으로 4개의 밀폐실을 구성한다. 축 요동에 따른 밀폐실의 체적 변화를 이용하여 펌프 작용을 만들어낸다. 단위 요동각당 토출량이 크므로 소형·경량화에 대하여 유리하

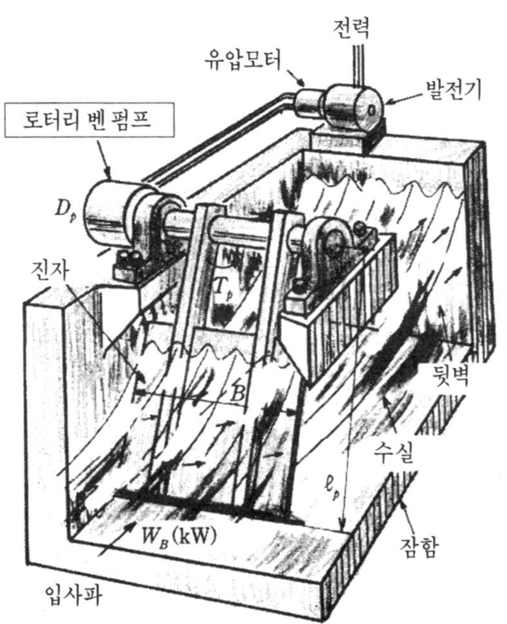

그림 6.14 진자식 파력발전 장치의 구조(개량형)

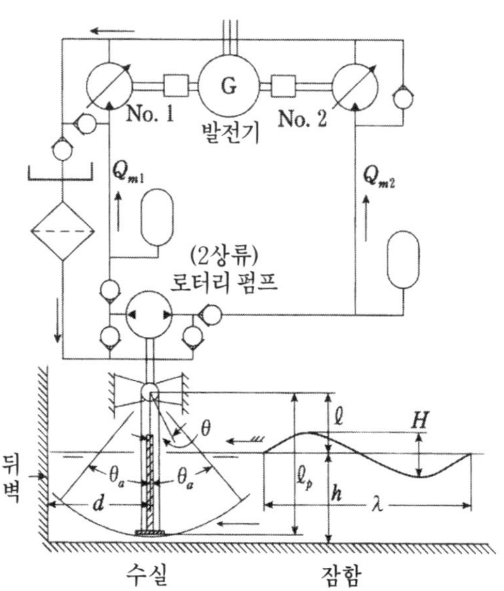

그림 6.15 진자식 파력발전 장치의 회로도(개량형)

그림 6.16 로터리 벤 펌프(연구용의 시험기)

다. 파력발전 운전의 축 회전 속도가 매분 수 회전 상당(보통의 1/100)의 저속이므로 누설손실을 보통 펌프의 1/100급 미소량으로 하는 것이 요구된다.[16)

유압 펌프의 특성은 밀어내기 용적:D_p의 함수로 다음과 같이 나타낸다.

토출 유량:Q_p, 축 토크:T_p, 구동동력 L_p에 대하여

$$Q_p = \eta_{vp} D_p w_p / 2\pi \quad\text{(6. 34)}$$

$$T_p = \frac{(p_m + \Delta p) D_p}{2\pi \eta_{tp}} \quad\text{(6. 35)}$$

$$L_p = T_p \omega_p = Q_p (p_m + \Delta p) / \eta_{vp} \eta_{tp} = Q_p (p_m + \Delta p) / \eta_p \quad\text{(6. 36)}$$

여기서 η_{vp}:펌프의 용적 효율, η_{tp}:펌프 토크 효율, η_p:펌프 효율, ω_p:펌프 회전속도 [rad/s] , p_m:모터 유압, Δp:펌프 / 모터간의 압력차

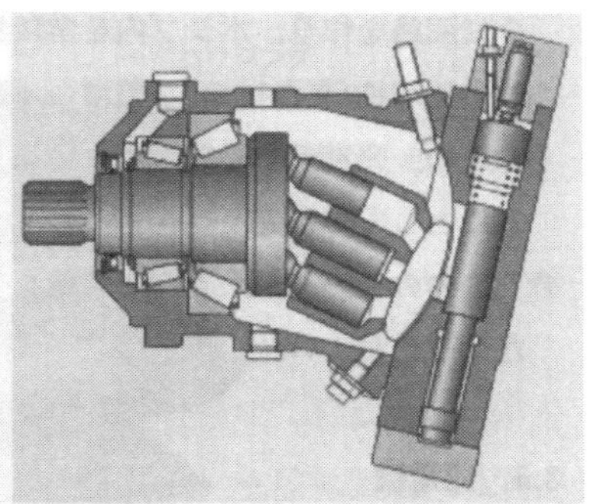

그림 6.17 가변 용량형 유압 피스톤 모터

　그림 6.17은 가변 용량형 유압 피스톤 모터이다. 견고하고 효율이 좋으므로 가변 용량형 모터의 대표적인 존재이다. 특히 기동 토크 효율과 부분 부하 운전효율이 다른 방식의 유압 모터보다 우수하고, 전달 동력의 광범위한 변동에 대응할 수 있다. 밀쳐내기 용적의 조정은 유압 아날로그 신호 방식이므로 심플하고 가격이 저렴하다. 이와 같은 요소들을 종합 평가할 때 파력발전용으로는 가장 적합한 모터라 할 수 있다[17].

　유압 모터의 특성은 밀쳐내기 용적:D_m의 함수로, 다음과 같이 표시된다.

　토출 유량 : Q_m, 축 토크 : T_m, 구동동력 : L_m에 대하여

$$Q_m = D_m \omega_m / 2\pi \eta_{vm} \cdots\cdots (6.37)$$

$$T_m = \frac{p_m D_m \eta_{tm}}{2\pi} \cdots\cdots (6.38)$$

$$L_m = T_m \omega_m = Q_m p_m \eta_{vm} \eta_{tm} = Q_m p_m h_m \cdots\cdots (6.39)$$

　η_{vm} : 모터의 용적효율, η_{tm} : 모터의 토크효율, η_m : 모터효율, ω_m : 모터의 회전속도 [rad/s].

이와 같은 각개 기기가 순조롭게 작동하여 시스템 기능을 발휘하기 위해서는 다음과 같은 점에 유의해야 한다. 이 점을 알고 적절한 회로 설계를 한다면 안정된 운전을 계속할 수 있고, 보수도 쉽게 할 수 있다.

① 적정한 유압 오일을 사용하고, 회로 내의 청정도를 규정값으로 유지할 것. 적정한 필터회로를 마련할 것. 식물성 유압 오일을 사용한다면 불가피하게 외부 누출이 발생할지라도 환경오염 부하가 적다.

② 헤드 탱크(head tank)에서 펌프로 가압 급유하도록 하여 캐비테이션(cavitation) 발생을 방지한다. 캐비테이션은 펌프 고장의 가장 큰 원인이 된다.

③ 펌프에 기포가 흡입되지 않도록 세심한 주의를 할 것. 장기간 사용하게 되면 조심하여도 내부에 기포가 축적되기 쉽다. 내부 기포가 상시 토출구에서 자동 배출되도록 회로를 만들고, 펌프 안을 늘 무기포 상태로 유지한다. 기포가 존재하면 오일의 압축성이 급증하여 진자운동의 위상 뒤짐이 $180°$ 쪽으로 이동하기 때문에 발전효율이 떨어지게 딘다. 기포의 존재는 펌프에 대해서도, 시스템에 대해서도 해를 끼친다.

④ 2대의 모터가 부하를 평균하여 받을 것. 회로에 자동 평형기능을 부여하는 것이 좋다.

6.6 발전기

그림 6.18은 농형 3상교류 유도발전기의 구조를 보인 것이다. 하우징 안에 고정된 원통형 철심(적층 철판)에 복수의 코일을 감고, 3상교류전압을 인가하여 철심에 회전자계를 발생시킨다. 로터 쪽에 유도전류가 흐르면 회전자계 속도로 회전하려고 하는 전자기 토크가 작용한다. 외부에서 로터축에 동력을

그림 6.18 3상교류 유도전동기

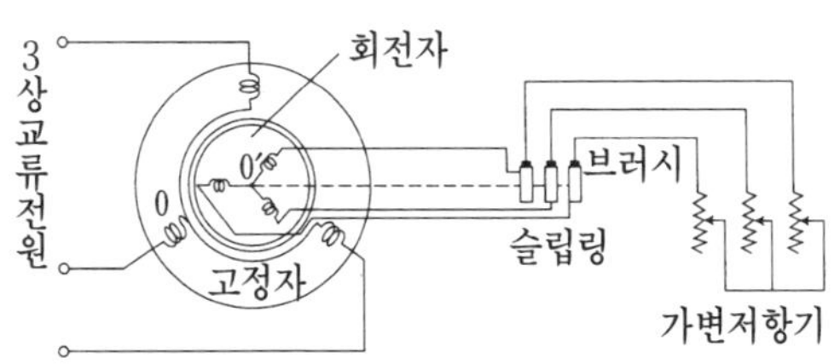

그림 6.19 권선형 3상교류 유도발전기의 결선

가하여 동기속도(동기 매분 회전수=120×회전수/극수)를 초과한 속도로 회전시키면 그 기계 동력은 전력으로 변환되어 코일 전원 쪽을 향하여 출력된다. 그만그만한 효율이고, 슬립 3% 이므로 속도 변동도 문제가 되지 않는다. 그림에 보인 바와 같이 구조가 심플하고 고장이 적어 파력발전용에 적합하다.

그림 6.18의 로터는 구조가 농형으로 된 것으로, 발전기를 전원 쪽에 접속할 때의 과도전류가 커지기 쉽다. 따라서 대용량기에는 적합하지 못하다. 그림 6.19는 권선형 3상교류 유도발전기인데, 과전류를 걱정할 필요가 없으며 대형기에 적합하다. 로터에도 코일이 감겨 있고, 슬립링을 거쳐 외부 저항에 접속되어 있다. 고정 쪽 원통형 철심의 회전자계에 의해서 로터측 코일에 유도전류가 흘러, 로터축 토크가 발생한다. 로터 회전 속도와 축 토크의 관계는 그림 6.20과 같이 외부 저항값 Ω의 크기에 따라 변화한다. 외부 저항값 Ω를 크게 설정하면 전원 접속 때의 과도전류값이 커지지 않는다. 이 상태에서 전원을 접속하고, 발전기가 동기속도 부근에 이르면 외부 저항값 Ω을

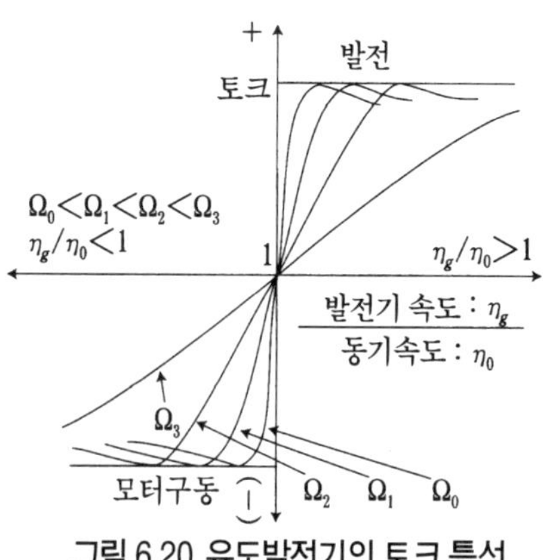

그림 6.20 유도발전기의 토크 특성

0으로 한다. 발전기에 주는 기계적 충격도 작다.[18]

단기(單機) 출력이 수백 kW급 이상이면 영구자석발전기를 사용하는 것도 고려할 수 있다. 이 발전기에 대해서는 파랑 현상에 부응한 최적속도 운전으로 고효율 발전이 가능하다. 따라서 발전기는 가변속 운전이 되고, 교류 출력은 직류로 변환되어 인버터로 들어간다. 그리고 거기서 송전측 주파수에 동기한 교류로 개질되어 수용가에 송전된다.

영구자석발전기는 우수한 자성재료를 사용함으로써 유도발전기보다 소형화·경량화가 가능하고 효율도 우수하다. 또 동기속도에 구속되지 않으므로 순시의 부하 변동을 발전기의 회전속도 변동으로 흡수할 수 있다. 그러나 제어가 복잡하므로 컴퓨터의 도움이 필요하다. 영구자석발전기를 채용하는 경우 발전기의 회전계와 인버터 제어 시스템계의 상호작용에 의한 동적 안정성에 대하여 전기적·기계적인 검토가 필요하다.

6.7 해역의 환경대책

해역 운전을 통하여 환경과 관련된 몇 가지 경험을 지적하고 있다. 실용 운전의 경우 적정한 대책이 필요하다.

6.7.1 바닷물에 의한 부식 방지와 기전력으로 인한 전기부식의 방지 (양자는 밀접한 관계가 있다)

운동체인 '진자와 펌프'의 조립체는 작업의 편의상 기계실 안에 수용하기 어렵다. 그때문에 그림 6.21에서 보는 바와 같이 덮개를 씌우지 않는 상태로 잠함 상부에 설치한다. 이 경우 비바람에 노출될 뿐만 아니라 물보라도 덮친다. 진자의 하부는 바닷물 속에 있으므로 설치부와 수중부 사이에 전위차

그림 6.21 진자와 펌프의 결합부
(일본 무로란공대)

그림 6.22 펌프축의 축받이 장착면
(설계:일본 무로란공대)

가 생기고, 축받이부를 통하여 접지 전류가 흐른다. 축받이는 '해수 부식'과 '전기 부식'으로 2중 손상되는 상태에 있다. 따라서 설계 단계에서 다음과 같은 대책을 강구할 필요가 있다.

① 축의 봉쇄를 위해 기름이 외부로 누출하는 것을 방지하기 위해 실(seal)을 3중으로, 그리고 바닷물이 내부로 침입하는 것을 방지하는 실을 2중으로, 합계 5중의 실 구조를 채용.

② 축받이는 전기 절연을 위해 세라믹 코팅면을 거쳐 축 중심에 장착했다. 또 절연 시트로 감싸고, 축받이는 전기적으로 진자에서 차단되어 있다. 그림 6.22는 펌프 축의 축받이 장착면을 나타낸 것이다(흰색 부분이 세라믹 코팅면, 용사 후에 그라인더로 마무리).

③ 진자의 기전력을 바이패스하기 위해 접지 회로를 2중으로 마련하였다.

④ 운전 중에 접지 회로의 슬라이딩 접촉자가 '전기 부식'으로 인하여 2개 모두 파손된 경우, 개량형 슬라이딩 접촉자로 교환하여 해결한다.

⑤ 바닷물 속에 있는 진자부의 보호를 위해 희생극인 아연판을 수면 아래에 설치하였다.

특기할 점은, 접지 회로의 중요성이다. 그 목적상 접지 회로에는 상시 부식전류가 흐르고 있다. 그러나 접지의 고장은 절대로 있어서는 안 된다. 만약 접지가 기능 불량이 되면 축받이의 전기 절연이 완벽하지 않는 한 소중한 축받이 전동면이 '전기 부식'으로 파괴되고, 결과적으로 축받이가 덜컹거리게 되어 중심이 흔들려 축봉용 실이 손상된다. 따라서 실 손상으로 인하여 바닷물이 침입하기 시작한다. 이 바닷물은 축받이의 부식을 촉진하고 전기 절연도 파괴한다. 축받이의 이상은 펌프 작용에 나쁜 영향으로 이어지고, 더 나아가서는 로터의 정상적인 운동까지 방해한다. 이렇게 접지 회로의 고장이 실마리가 되어 중대한 사고로 발전하는 사례도 있다.[11],[19]

6.7.2 태풍 때의 이상 파랑에 대한 방어

태풍 때 장치의 방호수단으로는 입력 제어가 가장 효과적이다. 프로펠러 풍차는 프로펠러 피치를 조정하여 입력을 제어하고 있다. 이것은 매우 성공적 사례이다. 폭풍 때의 입력=0으로 한 다음 풍차 축에 브레이크를 작동시켜 풍차를 고정하는 안정책을 취하고 있다. 입력제어는 이상 파워를 셧아웃하므로 장치에 작용하는 부담이 매우 적다. 실용적으로 우수한 보안 기술이다.

이 아이디어를 파력발전에도 적용하면 어떨까. 하지만 가변 피치 구조에 상당하는 진자장치 등은 비현실적이고, 이 방향을 추구하여도 회답 같은 것은 쉽게 찾아보기 어렵다. 실용성을 중시한다면 가변구조에 의존하지 않는 입력제어가 필요하다. 이 방침에 따라 위상차를 이용한 액티브 댐핑법이 진자식 제어용으로 고안되어, 수조실험 연구 등이 실시되었다. 그림 6.23의 파력발전 장치는 스리랑카의 250 kW 진자식 파력발전 장치(케이스 스터디)의 설계에 채용된 것이다. 여기서는 그림 6.24의 댐핑법이 응용되고 있다.

먼저 그림 6.23에 대하여 부가 설명하면 다음과 같다.

① 파고가 제한 이상에 이르러 진자의 진폭이 평행폭의 수실을 초과하면 입사파의 일부 에너지는 양쪽 측면 틈 사이에

그림 6.23 250kW 진자식 파력발전 장치(스리랑카)

서 프리패스한다.

② 프리패스한 에너지는 진자운동의 댐핑에 이용되어 진자의 진폭이 더욱 확대되는 것을 막아준다.

③ 수실 입구는 테이퍼상으로 확대되어 있으므로 댐핑동작뿐만 아니라 정상 때의 입사파 에너지 밀도를 농축하는 작용까지 한다. 그 결과 진자의 '단위 너비당 발전출력'이 증가한다(발전 단가가 개선된다).

④ 뒷벽과 진자 사이의 수실 형상을 3차원적으로 바꾸고 상기 효과 아래서 수실 길이의 단축이 가능하므로 코스트 삭감으로 이어진다(역시 발전 단가를 개선할 수 있을 것이다).

그림 6.24는 진자 모델을 사용하여 실험한 액티브 댐핑의

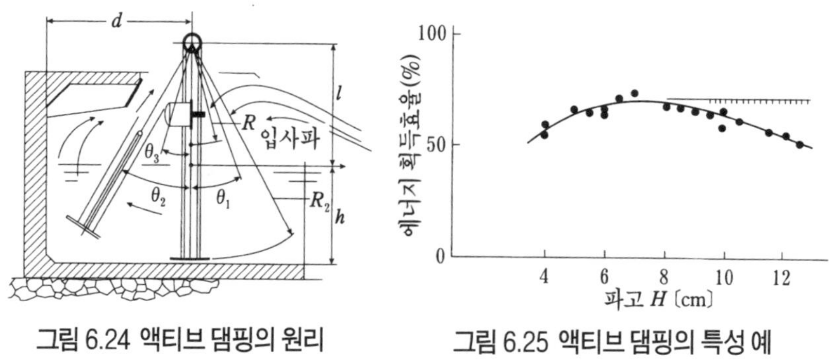

그림 6.24 액티브 댐핑의 원리　　　그림 6.25 액티브 댐핑의 특성 예

원리를 보인 것이다. 파고가 높을 때 일부 해수가 진자를 밀지 않고 상부를 추월하여 진자 뒤쪽으로 흘러든다. 이 해수에 의한 뒤쪽 수위의 상승이 진자에 브레이크 토크를 작용시킨다. 그림에 보인 예는 뒤쪽 수실의 수압 상승이 크고 적극적으로 브레이크 작용을 할 수 있도록 되어 있다. 파고가 어느 값 이상이 되는 곳에서부터 액티브 댐핑작용이 나타나서 에너지 흡수효율이 떨어진다. 파고가 커질수록 효율 저하가 현저하게 된다. 그림 6.25는 이 수조 실험 결과인데, 액티브 댐핑효과가 잘 나타나 있다. 핀치 컨트롤 같은 가동부가 필요 없으므로 튼튼하고 신뢰성이 높다. 태풍 때의 이상 입력 방지용으로 실용할 수 있으리라 생각된다.[13]

6.7.3 잠함, 진자, 유압펌프를 종합한 최적 결합
(투자효과의 극대화)

여기서 기술하는 내용은 효율적인 파력발전을 추구하기 위해서는 광범위한 검토(시스템상의 과제를 포함하여)가 요구된

다는 한 가지 예이다.

발전 단가의 절감을 위해서는 당연히 구성 요소의 최적화가 검토되어야 한다. 마찬가지로, 시스템의 최적화 즉 '요소 조합에 의한 종합 최적화'의 중요성에 대하여 부언하겠다.

진자식 발전의 최적화와 관련해서는, 진자 설치장소의 수심 관계를 무시할 수 없음을 검토하였다. 개개의 요소가 최적이 아닐지라도 종합 최적화에 의해서 보다 좋은 시스템 효율을 획득할 수도 있다. 예를 들면, 경제적인 발전을 고려할 때 난바다 발전은 파도의 에너지 밀도가 높지만 발전 설비비가 많이 필요하다. 획득 에너지량과 투자 자금의 비율을 검토한다면 발전 단가가 최저가 되는 최적 수심의 장소가 존재한다. 진자식 파력발전 장치는 수심 $h=4{\sim}5\mathrm{m}$의 곳에서, 잠함비(단위 발전 전력당의 값)가 가장 낮다. 이와 같은 장소를 선택하여 발전장치를 건설하는 것이 중요하다.

진자와 유압펌프도 수심과 밀접한 관계가 있다. 해역에 발전장치를 설치·운전하는 경우 '장치가 점유하게 되는 공간의 크기'와 '장치가 발전하는 전력량'의 비율로 공간 이용률을 정의하면, 역시 수심은 $h=4{\sim}5\mathrm{m}$가 알맞다. 그래서 수심 4~6m로 고정하고, 수면에서 지지점까지의 거리를 변화시켰을 때의 진자와 유압 펌프의 이론 특성을 조사하여 고찰하였다. 그 결과 파라미터의 선택이 발전 단가에 적지 않은 영향을 미친다는 사실을 알았다. 그림 6.26은 한 예이다.

앞의 진자에 대한 이론에서

① 최적 운전 때의 진폭: θ_0는 식 (6.25)에 의해

② 피크 부하 토크: $T_{p\mathrm{max}}$는 식 (6.26)에 의해

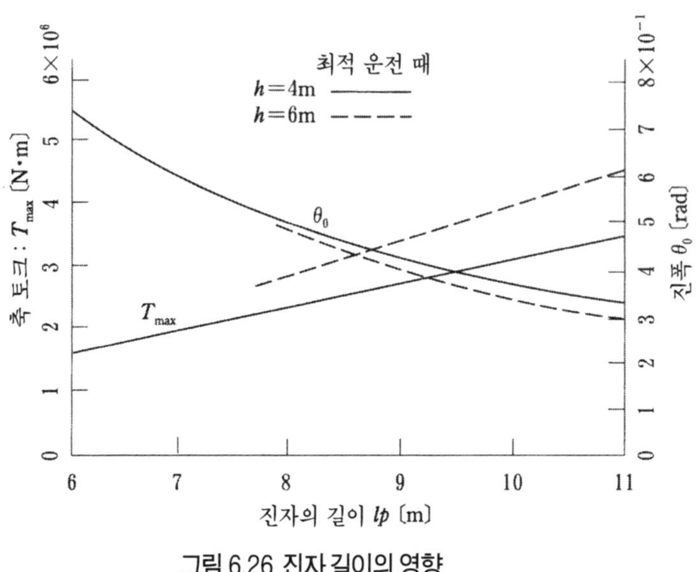

그림 6.26 진자 길이의 영향

그 값을 알 수 있다(이것은 진자 길이 : l_p의 함수). l_p를 크게 하면 펌프 위치는 해면에서 위쪽으로 너무 멀어져 파도의 물보라 영향이 적어진다. 이론 변환효율은 변함이 없다.

그림 6.26은 스리랑카 남부 연안의 파랑을 대상으로 파고 $H=2m$, 주기 $T=12s$의 경우에 대하여 수치 계산으로 구한 진자 특성이다. 가로축이 진자 길이 l_p이고 세로축은 진폭 θ_0 및 토크 $T_{p\text{max}}$이다. 토크 $T_{p\text{max}}$는 유압펌프로 주어진다. 앞에서 입사파에 의한 토크 진폭을 식 (6.12)에 의해서 표시하였는데 이 50 %를 펌프 구동에 소비할 때, 임피던스 매치가 성립한다. 따라서 이 조건을 만족하는 펌프 토크를 기준으로 하여 펌프를 결정한다.

펌프 토크 T_p는 식 (6.28)에 나타낸 바와 같이 밀어내기 용적 D_p에 비례하므로 토크 T_{pmax}는 펌프 용량 결정에 관여하는 파라미터이다. 진자 길이 l_p이 길수록 진폭 θ_0은 감소, 토크 T_{pmax}는 증가한다.

대형 펌프의 제작은 기술적으로 어려움이 많고 비용도 많이 소요된다. 따라서 진폭 θ_0이 허용되는 한 진자 길이 l_p는 짧게 선정하고 토크 T_{pmax}가 크게 되지 않도록 고려하는 것이 바람직하다. 마찬가지 이유로 도시한 예에서는 수심이 얕은 편인 $h=4\,m$가 보다 실용적이다. 따라서 $h=4\,m$를 선택하면, 진자 길이 $l_p=7{\sim}8\,m$까지의 범위가 최적이 되는 것으로 믿어진다. 실제로는 변환 손실을 포함한 검토가 필요하므로 토크 T_{pmax}는 60~70%(그림 6.26 값의)를 선택하고, 그때의 진폭 θ_0는 70~80% 정도(그림 6.26 값의)를 예측하게 된다.

6.7.4 물보라 대책

잠함 수실 안의 정상파운동은 입사파 진행의 수직면 안에서 이루어진다. 그 방향은 노드부분에서 수평, 뒷벽부는 수직(상하)이다. 일반적으로 이 운동은 미소 진폭파 이론에 의해서 설명된다. 진자축에 작용하는 부하 토크가 0일 때 뒷벽부 정상파의 상하 진폭은 입사파 파고의 2배, 정격 토크 때 입사파와 같은 파고가 결론된다. 그러나 해역에서 볼 수 있는 뒷벽부의 파동 현상은 다소 차이가 있어, 때로는 심한 거동을 나타낸다.

그림 6.27은 해역 운전의 예이다. 같은 시간대이면서 어떤 때는 격렬한 물보라가 수실 뒷벽부에서 일어난다. 위쪽 그림이 그 사진이고 아래쪽 그림은 보통 상태이므로 두 사진을 비교하면 그 격렬함을 짐작할 수 있다.

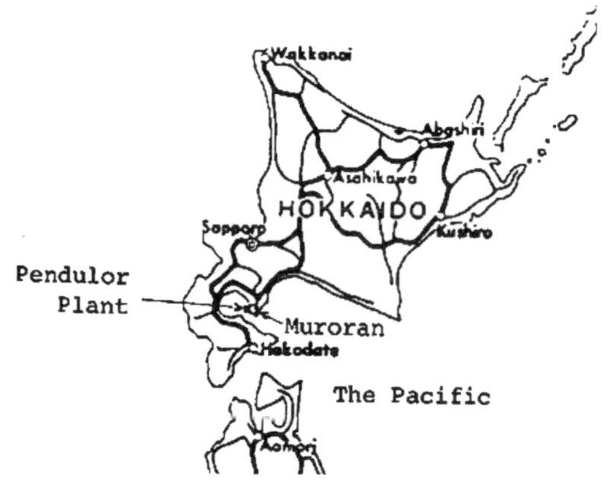

그림 6.27 진자 해역운전의 실태(일본 북해도의 무로란항 방파제 밖 앞바다)

물보라 상태로 되어 있기 때문에 잠함 위에 설치한 기계실로 바닷물이 침입할 우려가 상상 이상일지 모른다. 바람이 불면 물보라는 멀리 비산하고 특히 겨울철에는 물보라가 여러 곳에서 얼어붙어 얼음이 이상 성장하게 된다. 때문에 겨울철에는 적당한 주기마다 얼음의 제거작업이 필요하다.

수실 안에 발생한 대다수의 정상파는 그 유선(流線)이 뒷벽에 가까워지면 서서히 수평에서 수직으로 상승한다. 그러나 개중에는 뒷벽 직전까지 수평을 유지하다가 뒷벽에 충돌하여 물보라로 되는 것이 존재하기도 한다. 그림 6.23에서는 잠함의 코스트 절감을 위해 뒷벽 전면의 수실에 대하여 물바닥(水底)을 얕은 경사면으로 하고, 그 천부(淺部)를 수심이 얕아질수록 수실의 너비를 넓혔다. 이것은 뒷벽 전면의 정상파 충돌을 완화시키려는 것이다.[21]

물보라로 인한 기계장치의 피해 사례를 소개하겠다.

그림 6.28은 선형 스프링을 조합한 축압기로, 운전 초기의 기계실 안의 설치 상태를 나타내고 있다. 그림 6. 11 (b)의 구조와는 반대로 스프링이 아래에, 유압 피스톤이 위에 위치하고 있다. 6개의 스프링을 1조로 하여 병렬로 배치하고 그것을 2조 직렬로 배치하고 있다. 따라서 1대의 축압기에는 합계 12개의 스프링이 사용되고 있다. 이것은 쉽게 구할 수 있는 표준 기기 또는 그것에 준한 것으로 구성되며 내식(耐蝕) 설계는 아니다.

그림 6.29는 운전한 지 2년이 지난 후의 축압기이다. 기계실의 문을 열고 밖에서 바라본 상태를 보여 주고 있다. 바닷물의 비말로 인하여 녹이 발생한 것을 알 수 있다. 문짝 가까운 부분이 부식되고 문짝에서 멀리 떨어진 안쪽 부분은 부식되

그림 6.28 운전 초기의 축압기

그림 6.29 운전 2년 후의 축압기

지 않았다. 바닥면에 접근시켜 설치한 기계일수록 심하게 부식된 것을 목격할 수 있었다. 이것을 통하여 다음 사실을 알게 되었다.

① 바닷물로 인한 부식을 막기 위해서는 우선 물보라 대책을 강구해야 한다. 물보라 방지용의 밀폐식 기계실이 아니라도 좋다. 일반 기계실일지라도 내부 장치를 방수 시트로 덮는 것도 하나의 방책이다. 점검 때는 문짝의 개폐가 불가피하므로 물보라 피해를 당하기 쉽다. 이와 같은 경우에도 방수 시트는 유효하다.

② 기계실 안은 열이 축적되기 쉽다. 폐열용 환기구는 물보라나 빗물이 침입하지 않도록 설치에 신경을 써야 한다.

③ 경험상 기계실 안의 제습은 불필요했다.

6.8 설계 예

6.8.1 250kW급 파력발전 장치

스리랑카는 인도반도 남단에 위치하며 인도양의 거의 중심에 위치하는 섬나라이다. 이 나라의 넓이는 약 $65,500\,km^2$로, 우리 한반도의 약 3.3분의 1 정도이다. 홍차와 보석의 생산지로 유명하지만, 만성적으로 전력이 부족한 국가이다. 그러나 파력 자원이 풍부한 나라이므로 그 활용 여하에 따라서는 장래 밝은 꿈을 실현하게 될지도 모른다.

이 염원을 실현하기 위해 스리랑카의 패라데니야대학이 파력발전을 연구하여 왔다.

스리랑카에는 남극 부근 해역에서 발생하는 파도가 4계절 내내 통하여 도달하고 있다. 이처럼 먼 거리에서 전파되어 오는 파도는 스웰(swell)이라고 하는 것으로서, 고조파 성분이 적고 긴 주기의 높은 에너지 밀도의 성분파가 주체를 이루고 있다. 규칙성이 있으며 선파형에서 변형 요소가 적다. 1년 내내 온화한 파랑 상태를 유지하므로 풍력발전에 매우 적합하다.

그림 6.30은 스리랑카의 지도이다. 인도양과 접한 남부 연안에는 20 kW/m 정도의 밀도이고, 총량 360만 kW의 파랑 에너지가 도달하고 있다. 그림 6.31은 스리랑카 남부 연안에서 관측되는 파랑의 모습이다. 파도 길이 100 m 이상의 긴 주기파이므로 파고로부터 받는 외관상의 인상보다 큰 파워가 있다. 그 힘이 여러 곳에서 해안 침식의 피해를 주고 있다. 연안에서 파력발전을 한다면 이와 같은 피해의 방지도 기대할 수 있을 것이다.[20]

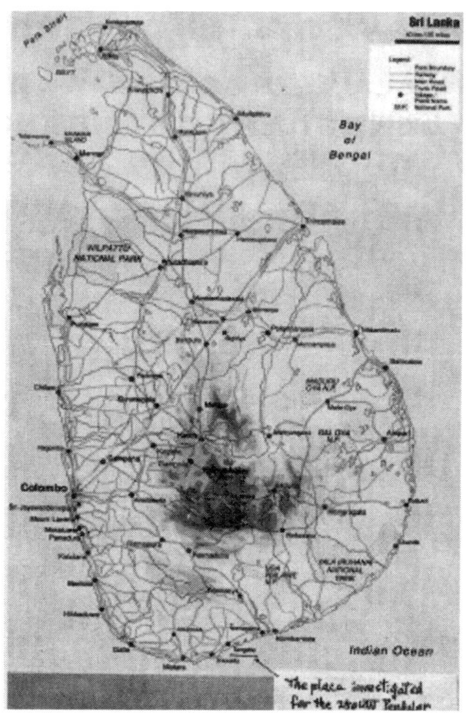

그림 6.30 스리랑카 지도

　　그림 6.32는 스리랑카에서 관측된 파고이다. 3종의 데이터는 동일한 것인데, 위에서부터

　　① 관측 데이터(먼 곳에서 온 대양파(swell)와 근해에서 발생한 해파(海波)가 혼재)

　　② 해파만을 분리하여 표시

　　③ 대양파만을 분리하여 표시

하고 있다.

　　②의 해파(海波)는 주기 4~6s, 파고 0~2.0m로 주변의 기상에 따라 변화하며 파워는 크지 않다.

그림 6.31 스리랑카 남부 연안의 파도

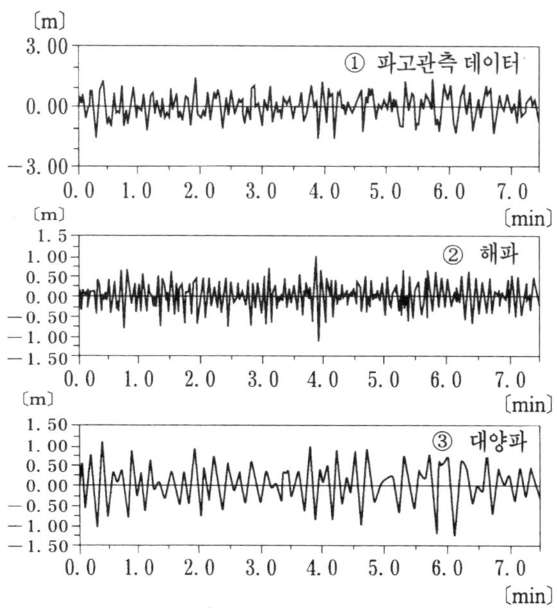

그림 6.32 측정된 파고 데이터(스리랑카)

③의 대양파는 1년 중 8개월(몬순 기간) 동안은 주기 10~12s, 파고 1.0~2.0m, 4개월 동안(비몬순 기간)에는 파고 0.5~1.0m가 계속된다. 4계절을 통하여 거의 일정한 주기이고 파도의 방향(波向)도 일정한 편이다. 폭풍우도 적고, 불어도 최대 파고는 4m 정도에 지나지 않는다.

해파와 대양파(swell)는 주기가 현저하게 다르기 때문에 진자는 어느 한쪽 파도에만 공진할 수 있다. 진자가 공진에서 이탈한 경우의 응답은 진자 고유 주파수가 파랑 주파수에 대하여 상대적으로 낮은 경우일수록 현저한 저하를 초래한다(그림 6.3 및 그림 6.4 참조). 종합하면, ③의 대양파를 선택하는 것이 유리할 것으로 판단되었다. 또 해파에 비하여 3배 이상의 파워가 있다. 여기서는 ③의 대양파를 대상으로 하여 진자의 고유 진동수를 결정하기로 하였다. 수실 길이의 단축이 가능하다. ② 해파를 대상으로 한 에너지 획득은 거의 기대할 수 없다.

6.8.2 250kW 진자식 파력발전 장치의 설계

그림 6.23에 보인 250kW 장치의 설계 예를 설명하겠다. 그림 6.26 및 그림 6.32를 참조하여 설계 파라미터를 선정하면 해면은 진자를 설치하는 수실 수심이 $h=4m$를 기준으로 정하고, 잠함에 입사하는 파도의 유의파고 $H_{1/3}=2m$, 유의주 주기 $T_{1/3}=12s$를 채용한다. 잠함에는 2 수실을 마련한다. 각각 입구 너비 $B=10m$, 진자 장착부 너비 $B_p=5.4m$, 뒷벽 측폭 $B_c=9m$이다. 진자 1대당의 입사파 파워

$$\overline{W}_B = 0.44\,BH_{1/3}^2\,T_{1/3} = 0.44 \times 10 \times 2^2 \times 12 = 211 \ \text{kW} \ \cdots\cdots\cdots\cdots \ (6.40)$$

가 된다(1잠함당 입사파 파워 422 kW).

6.8.3 정격 시방결정법과 결정 예

식 (6.40)의 값은 주어진 파랑에서의 평균 파워이다. 이 값에 대응하려면 순시 파워를 흡수할 수 있는 장치라야 한다. 그렇지 않으면 상당한 파워 손실이 발생한다. 해역에서는 파고가 거의 유의파고 정도의 군파(群波)가 관측되므로 여기서는 이것을 기준으로 장치의 시방을 결정하였다. 파워 손실 방지의 최적 용량을 판정함에 있어서 적당한 기법인 것으로 판단된다.

시방 결정에서, 입사파 파워(진자 1대당) W_p=규칙파(전격)의 파워로 간주한다면 $W_p=E_B/T$는 식 (6.41)로 표시된다. 여기서 E_B는 식 (6.21) 참조.

$$W_p = \frac{1}{4}B\left(\frac{H}{2}\right)^2 \rho g \,\frac{\sigma}{k_0}\left(1+\frac{2k_0 h}{\sinh 2k_0 h}\right) \ \cdots\cdots\cdots\cdots\cdots\cdots \ (6.41)$$

여기서 $B=10\text{m}$, $H=2\text{m}$, $\rho=1030\text{kg/m}^3$, $g=9.806\text{m/s}^2$, $T=12\text{s}$, $L=73.7\text{m}$, $\pi=2\delta/T=0.5236\text{rad/s}$, $k_0=2\pi/L=0.08525\text{m}^{-1}$, $h=4\text{m}$

$W_p=298\text{kW}$。

진자의 에너지 변환효율(1차 변환)을 65 %로 본다면 진자축 위의 펌프가 흡수하여야 할 파워는 약 194 kW이다. 이 값을 기준으로 하여 검토를 진행하겠다. 펌프 입력에서부터 전력으로 변환까지에는 유압 변속기와 발전기에 의한 에너지 변환효율≒0.8×0.90=0.72를 고려하여, 발전출력=194×0.72=139 kW가 추측된다.

펌프 크기는 펌프축 토크 크기로 결정된다. 파워가 일정할 때 축 토크는 진자 길이의 함수로, 진자가 길수록 펌프축 토크가 증가한다(그림 6.26 참조). 여기서는 진자 길이(지지점에서 선단까지의 길이) l_p=7.3 m로 선정하였다(진자 지지점에서 정수면까지의 거리 l=3.5 m).

l_p=7.3 m로 하면 펌프의 소요 토크 $T_{p\max}$를 구할 수 있다. 선형부하일 때

$$T_{p\max}=(1/2)M_0 \cdots\cdots\cdots (6.\,42)$$

가장 적합한 값(단 손실은 무시)이므로 식 (6.42)로부터 해역 운전의 비선형 부하와의 차이(피크 토크가 선형 부하에 비하여 약 70 %)와 1차 변환효율 약 65 %를 고려하여, 식 (6.42)를 수정하여 펌프 토크의 정격 시방값을 결정한다. 따라서 비선형 부하를 대상으로 하였을 때 펌프의 소요 토크 $T_{p\max N}$는 다음과 같이 표시된다. 단, 진자 위치의 수실 너비 B_p에서의 파고 H_p에 대한 구동 모멘트의 진폭 M_{0p}를 사용하여 표시한다. 파워 레벨에는 변화가 없지만 식 (6.42)에 비하여 파고가 높고 구동 토크는 감소하여 요동 진폭이 커진다.

$$T_{p\max N}=0.7\times0.65\times(1/2)\times M_{0p}=0.228M_{0p} \cdots\cdots\cdots (6.\,43)$$

$$T_{p\max N}=0.228\frac{\rho B_p Y_0 \sigma^2 H_p}{k_0^3 \sinh k_0 h} \cdots\cdots\cdots (6.\,44)$$

여기서 B=10m, B_p=5.4m, H=2m, H_p=2.72m, ρ=1030 kg/m^3, g=9.806 m/s^2, T=12s, 파장 L=73.7m, ω=2π/T=0.5236 rad/s. k_0=2π/L=0.08525^{-1}, h=4m, 진자 지지점에서 정수면까지의 거리 l=3.5m, Y_0=0.162 이므로 $T_{p\max N}$=0.71 MNm이 된다.

펌프의 소요 밀쳐내기 용적 D_p는 다음 식으로 계산한다.

$$D_p = \frac{2\pi\eta_t T_{p\max N}}{(p_m + \Delta p)} \quad\cdots\cdots\cdots\cdots\cdots\cdots\cdots\cdots\cdots\cdots\cdots\cdots\cdots\cdots\cdots\cdots\cdots\cdots (6.\,45)$$

여기서 $T_{p\max N}=0.71\,\text{MNm}$, $\eta_t=0.95$, $(p_m+\Delta_p)=20\,\text{MPa}$인 경우 $D_p=0.212\,\text{m}^3/\text{rev}$이다.

2장 벤의 로터리 벤 펌프일 때 밀쳐내기 용적 D_p는 식 (6.46)으로 표시되므로 D_p의 값에 대응하는 펌프의 주요 치수를 결정할 수 있다.

$$D_p = \frac{\pi}{2}(d_1^2 - d_2^2)\,W_r \quad\cdots\cdots\cdots\cdots\cdots\cdots\cdots\cdots\cdots\cdots\cdots\cdots\cdots\cdots\cdots (6.\,46)$$

여기서 d_1 : 벤 선단의 지름, d_2 : 벤 밑둥의 지름, W_r : 로터 너비, $d_1=0.8\,\text{m}$, $d_2=0.53\,\text{m}$, $W_r=0.4\,\text{m}$일 때 $D_p=0.225\,\text{m}^3/\text{rev}$로 된다.

위의 설명을 종합하면 앞의 그림 6.23의 장치가 된다. 검토 결과 발전출력은 $139\times2=278\,\text{kW}$이지만 여유를 감안하여 $250\,\text{kW}$를 정격 값으로 선택하고 있다. 그림 6.33은 진자와 펌프가 일체인데 이는 일본의 무로란공대가 실험을 거친 구조이다. 수심 $h=4\,\text{m}$인 곳에 설치하고, 요동 진폭의 한계 각도는 일본 북해도의 무로란에 비하여 2배이다.

참고로 일본 북해도의 무로란 해변에서 실험용으로 사용한 진자 조립체를 그림 6.34에 보기로 들었다. 진자의 길이 $l_p=6.9\,\text{m}$, 너비 $B=2\,\text{m}$.

이 조건에서 진자의 요동 진폭 θ_0를 구하면(단, 손실은 무시한 이론값).

$$\theta_0 = \frac{k_0 X_0 H_p}{4Y_0 \sinh k_0 h} = \frac{0.08525\times0.709\times2.72}{4\times0.162\times0.3476} = 0.73 = 41.8^0 \quad\cdots\cdots (6.\,47)$$

따라서 정격값 $\theta_0 = \pm40°$로 한다.

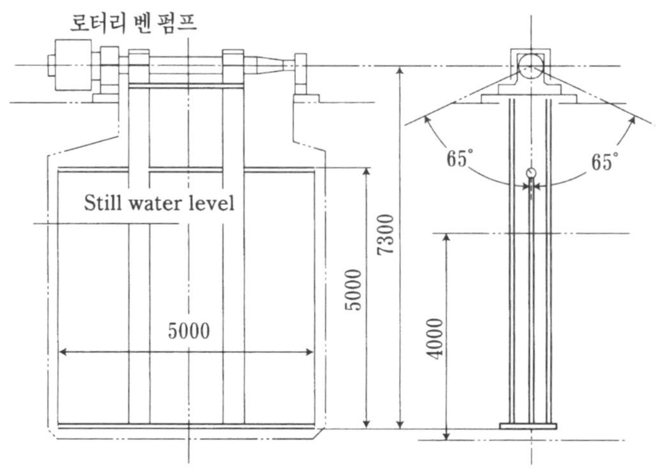

그림 6.33 진자 조립체(스리랑카)

그림 6.34 진자의 조립체(일본 무로란공업대학)

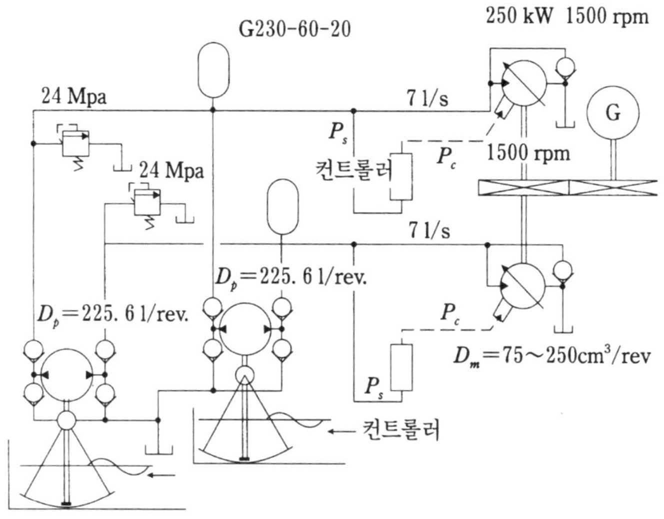

그림 6.35 진자 장치의 유입 회로도(스리랑카)

그림 6.35는 대상 장치에 대한 유압 회로도이다. 진자 2대가 각각 2대의 펌프(2상류형)를 구동하는데, 토출 쪽은 병렬회로를 거쳐 2대의 가변용량형 모터에 접속되어 있다. 2대의 모터가 발전기 1대를 공동으로 구동하고, 변동 상쇄작용에 의해서 2대의 합성 토크가 거의 평활하다. 따라서 발전출력은 정상을 유지하며 안정된 운전이 가능하다. 유압 모터는 컨트롤러의 신호에 따라 그 밀쳐내기 용적 D_m의 값이 조정되고 있다. 컨트롤러는 펌프 토출압 값에서 임피던스 매치 조건을 만족하는 D_m을 판단한다. 이렇게 하여 파랑 상태가 변화하면 그에 부응한 가장 적합한 D_m으로 자동 조절된다. 이것은 무인으로 최적한 발전을 계속하고자 하는 염원에도 합치된다. 이 제어는 2대의 모터간 부하 배분이 불균일하게 되는 것을 방지하는 작용도 한다.[23,24]

그림에 있는 유압기기는 펌프 및 컨트롤러를 제외하고는 쉽게 구할 수 있는 표준품이다. 모터는 그림 6.17을 예정하였고, 유압 아날로그 신호 제어 방식이므로 이번 컨트롤러를 직결할 수 있다.

그림 6.36은 전술한 검토 결과를 바탕으로 설계상에 표현한 로터리 벤 펌프이다(D_p=0.225 m³/rev, d_1=0.8 m, d_2=0.53 m, W_r=0.4 m). 그림 6.34의 펌프를 통하여 얻은 경험이 참조되었다. 그러나 D_p값은 무로란의 4.9배이고, 이 제조에 따른 어려움은 훨씬 클 것이 예상된다.

그림 6.36은

① 벤과 호스를 일체로 한 로터 구조

② 로터를 기준으로 하여 펌프 케이스를 반지름 방향과 축 방향으로 자동 위치 결정하는 구조.

③ 케이스는 고강성 구조

D_p : 225. 6 l/rev. , No. of vanes : 2 , Rotor size : $\phi800 \times \phi530 \times b400$, Swing angle : $\pm65°$, Pressure 25MPa, Pump torque : 0. 898 MNm, Delivery flow : 7. 0 l/s (H=2m, T=12s, B=10m, Input to the pump=193kW)

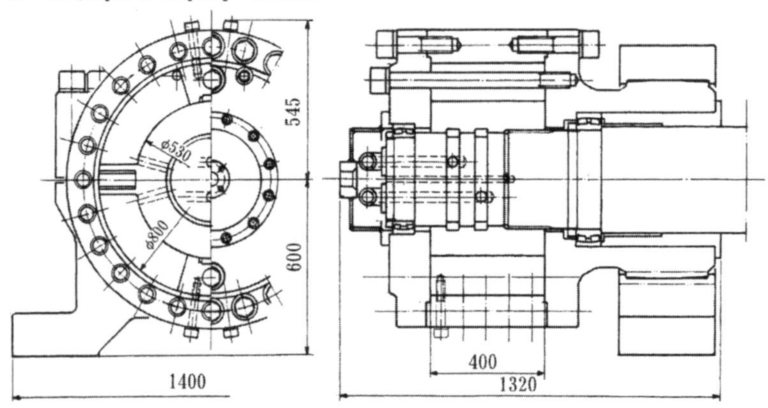

그림 6.36 로터리 벤 펌프(스리랑카)

④ 고기밀 금속 실 구조

⑤ 축받이 방식

⑤ 3점 지지축의 자동 조심(自動調心)

…… 등이 고려되고 있다.

그림 6.34의 펌프는 무로란공대가 설계를 담당한 것으로, 선박의 스테어링(steering)용으로 로터리 벤 액추에이터(rotary-vane actuator)가 사용되고 있으며, 그림 6.36의 펌프는 소형·합리화 목적의 선박용 액추에이터로도 이용할 수 있다. 전문 메이커에 의해 발전/선박이 겸용할 수 있는 펌프 액추에이터가 개발된다면 시장 개척에 이바지할 것으로 믿는다.[25]

스리랑카의 조선기술자들로부터는 잠함을 콘크리트가 아닌 강제로 변경하여 코스트를 삭감하자는 제안이 있었다. 조선소에서 잠함을 제조한 다음, 해상에 띄워 이동한 후에 목적 장소에 침몰시켜 해저에 고정한다. 또 부실(浮室) 안에는 자중(自重)을 추가하기 위해 모래나 암석을 채운다. 조선소의 크레인 용량 관계로 잠함의 중량은 150톤 내외. 이 제안을 바탕으로 서계한 잠함이 그림 6.37이다. 너비 5.4 m의 수실(水室) 2개가 병렬로 배치되고, 입구 쪽은 약 1.85 배로 넓힌 개구로 되어 있다. 각 수실 중앙에 진자가 설치된다. 진자 뒤쪽의 수실은 뒷벽을 향하여 수심이 얕아지고 너비는 넓어진다. 진자 중심에서 뒷벽까지의 거리 $d=9\,\mathrm{m}$는 겉보기 수심 2.5 m, 겉보기 파장 45 m, 겉보기 주기 9 s에서 채용한 값이다. 거리 d가 짧으면 그만큼 코스트 다운이 가능하다(보통인 경우 $d=14\,\mathrm{m}$).[21],[26]

그림 6.37의 잠함은 진자의 요동각 θ와 진자의 뒤쪽 수실의 수위 변화 $\varDelta h$의 관계가 식 (6.48)로 표시된다. 진자계의 스

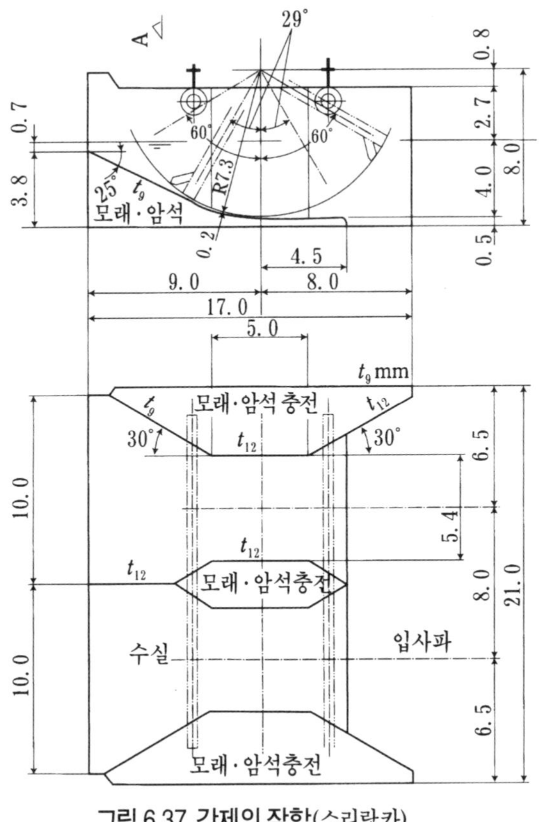

그림 6.37 강제의 잠함(스리랑카)

프링상수 K는 Δh로부터 유도되며 식 (6.49)처럼 된다. 이것은 앞의 식 (6.14)보다 작은 값이다.

$$\Delta h = \frac{B_p h}{A_c}\left(l_p - \frac{h}{2}\right)\theta \quad\cdots\cdots (6.48)$$

$$K = \rho g h^2 \left(l_p - \frac{h}{2}\right)^2 \frac{B_p}{A_c} \quad\cdots\cdots (6.49)$$

여기서 A_c는 진자 뒤쪽 수실의 표면적이고, B_p는 진자 너비, h는 진자 설치 위치의 수심, l_p는 진자 길이이다.

진자계의 고유 진동수 σ_0는 식 (6.20)으로 구한다. 거리 d가 짧은 수실일지라도 거리 d가 보통 수실을 사용하였을 때와 같은 값인 고유 진동수 σ_0를 얻을 수 있다.

6.9 진자식 파력발전 장치의 운전 성능

무로란공대는 그림 6.38의 실험용 잠함을 사용하였다. 수심 2.75 m, 수실 너비 2.3 m, 수실 길이 7.5 m의 수실이 2개 있다. 그림 6.27에 보인 무로란 외항 방파제 전면의 해면에 설치하였다. 수심은 최적값 4 m에 비하여 작은 편이고, 조석의 차는 최대 1.0 m이다.

실험용 잠함은 세로축형 회전수차(사보니우스)에 의한 파력발전 연구용으로 준비된 것인데, 이미 1실은 수차발전 연구에 사용 중이고, 다른 1실은 진자식 발전 연구에 사용하였다. 앞에서 기술한 최적 조합을 참조하면 그림 6.38은 수심에 비하여 진자 길이가 너무 크고 요동각 한계는 과소하다. 여러 가지 사정이 있겠지만 기초 데이터를 수집하기 위해 활용되었다. 이

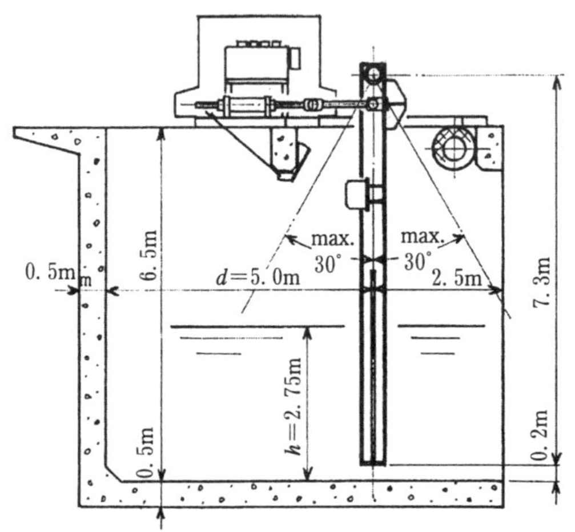

그림 6.38 구형 진자식 파력발전 실험기(실린더 펌프)

와 같은 사정에도 불구하고 우수한 실험 데이터를 획득할 수 있었다.

또 회전수차(사보니우스)에 의한 발전연구 성과는 진자식에 비하여

① 수차에 작용하는 파도의 충격력이 크고, 피로 파손이 발생하기 쉽다.

② 수차의 유효 토크가 작다.

③ 효율이 훨씬 낮다.

④ 발전 단가면에서는 더욱 불리하다.

위와 같은 사실들이 판명되었으므로 회전수차에 의한 발전 연구를 서둘러 중지할 수밖에 없었다.

진자식 파력발전 실험은 그림 6.38의 실린더 펌프를 사용한 구조의 것에서부터 시작하였다. 요동각 한계=±30°는 잠함의 보에 설치한 스토퍼에 의해서 규제되었다. 파고가 약 3 m 이상에서는 진자가 스토퍼에 충돌하게 되었다. 그 충격력에 의해서 나사를 조인 부분이 풀리거나 강도부재에 균열이 발생하기도 했다. 파손 원인은 스토퍼에 진자가 충돌할 때의 충격력으로 인한 것이 가장 크고, 파력으로 인한 것은 아니었다. 스토퍼의 스프링 상수를 변경하여 충격력을 감소시켰다.

실린더 펌프는 실린더 지름 0.15 m, 롯드 지름 0.1 m, 스트로크 ±0.3 m, 피스톤 면적 0.0098 m² 이다. 실린더와 진자는 전기 절연 커플링이 달린 커넥팅 롯드로 연결했다. 운전 중에 장착 베이스와 실린더 사이가 실린더 반동력에 견디지 못하고 덜컹거렸다. 또 진자와 커넥팅 롯드의 연결부에도 실린더 반동력에 의한 트러블이 발생하여 연결핀이 절단되거나 마모되기도 하

였다. 이 결과 연결부를 설계 변경하고, 각 부분에는 보강 나사를 추가하였다. 또 다층 V패킹실을 채용하였으나 몇 해 경과한 후에 외부로 기름이 누출되는 트러블이 발생하여 누유를 횟수할 수 있는 실린더로 교환하였다.

실린더 펌프는 매우 심플하고 견고한 기기이지만 큰 실린더 반동력으로 인하여 다른 보강 부재에 미치는 영향이 적지 않다. 또 실린더 설치는 현지 작업에 속하므로 잠함 수실에 수문을 마련한 다음 폐문하여 입사파를 차단하고 작업할 필요가 있었다.

실린더 펌프로 기인한 문제점을 해소하기 위해 로터리 벤 펌프로 교환하였다. 그림 6.39는 그 실험기이다. 펌프는 진자 축 위에 직결하므로 현지 작업이 매우 용이했다. 수문이 불필요하고 진자 지지대에는 펌프의 반 모멘트가 작용하지만 강고한 지지대로 완벽하게 대응할 수 있으므로, 운전 중에 덜컹거

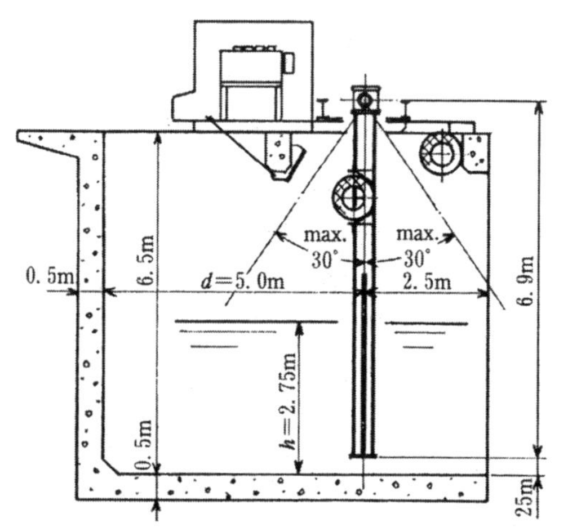

그림 6.39 신형 진자식 파력발전 실험기(로터리 벤 펌프)

릴 염려는 없다. 그림에서는 가능한 범위에서 진자 길이를 축소하고 요동각 한계를 ±35°로 하였다. 스토퍼부에는 덤프트럭용 폐타이어 6개를 1조로 만든 쿠션이 있다.

해역 운전은 도중 2년간의 중단(펌프 개조·교환)을 포함하여 전후 각각 2년, 합계 4년 실시되었다. 이 사이에 피로 파괴, 균열, 조임 부분의 이완, 기름 누출 등이 발생한 사례는 없었다. 따라서 진자식 파력발전 장치의 내구성을 보장할 수 있는 기초 기술의 하나인 것으로 믿는다.

그림 6.40은 실험기의 유압회로이다. 기본적으로는 앞의 그림 6.15와 같은 방식이지만 예산 관계로 간략화한 부분이 있다.

① 발전기 대신에 유압펌프를 구동하여 최종 부하로 사용하였다. 그 펌프의 구동 동력을 측정하여 그 값을 장치의 출

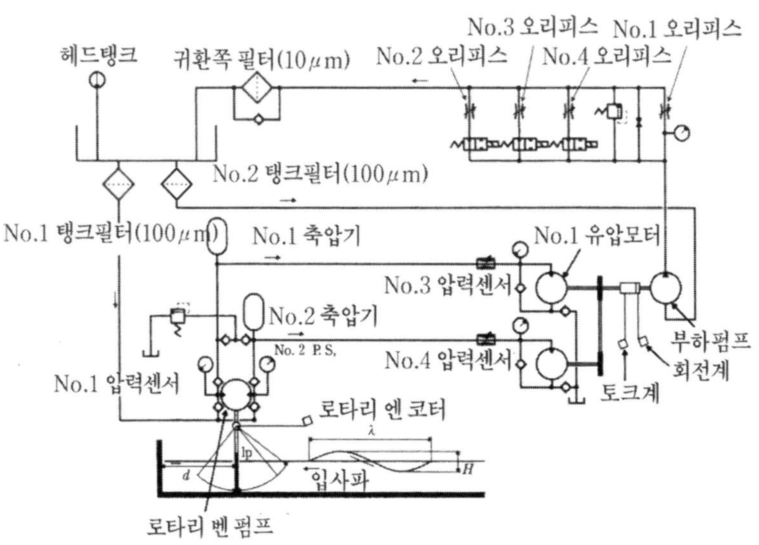

그림 6.40 진자 실험기의 유압회로(무로란공업대학)

력으로 간주하고 시스템의 효율을 계산했다. 유도발전기 부하 때는 없는 주기 변동회전이 펌프 부하의 경우에는 출력측의 회전속도상에 나타난다. 그러나 문제가 될 정도의 값은 아니다.

② 잠함 측면(진자축 중심선의 연장선상에 해당)의 파고를 측정하여 입사파고로 하고 있다. 측정점 1점당 20분간 계속하여 데이터를 채취하고, 그 데이터로부터 파워 스펙트럼을 구하여 유의파의 파고, 주기, 입사 에너지 등을 산출한다.

③ 진자의 요동각도, 각부의 유압을 측정하여 펌프, 모터의 특성을 추측한다. 단, 모터는 정격 용량형이므로 파랑 현상의 변화에 따라 출력 회전수가 변동한다. 물론 자동제어 장치는 없다.

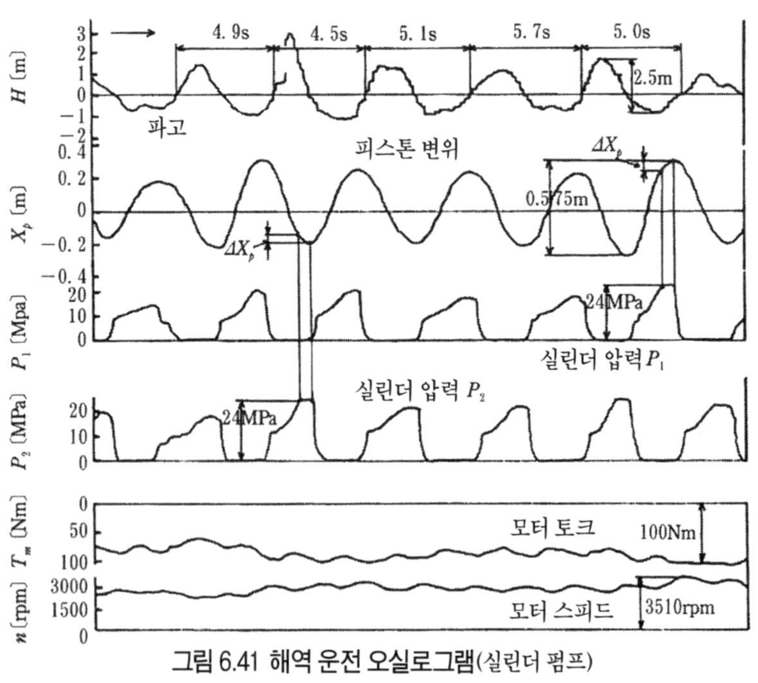

그림 6.41 해역 운전 오실로그램(실린더 펌프)

④ 부하용 펌프의 구동동력은 토출회로의 저항으로 제어된다. 펌프 토출회로에는 No.1~No.4까지의 조리개저항이 병렬로 접속되어 있다. 이들의 조합 선택으로 12단계의 상이한 저항을 만들어내고, 펌프에 12단계의 부하 토크를 발생시키고 있다.

⑤ 위의 회로를 사용하여 프로그램된 순서에 따라 컴퓨터가 일련의 측정을 하고, 그 데이터로부터 각 요소의 효율, 시스템 효율을 구한다. 컴퓨터로는 노트북 컴퓨터를 사용한다. 무인 계측, 기상 현상의 상황에 따라 입사파의 특성은 그때마다 변화하므로 실내 실험과는 달리 동일한 실험을 반복할 수 없다. 그러므로 가급적 여러 번 측정하여 그중에서 참고가 될 만한 것을 모아 자료화했다.

그림 6.41은 실린더 펌프를 사용한 구형 실험기의 운전 오실로그램 예이다. 파고 2 m 전후의 파도가 입사하여 펌프 변위

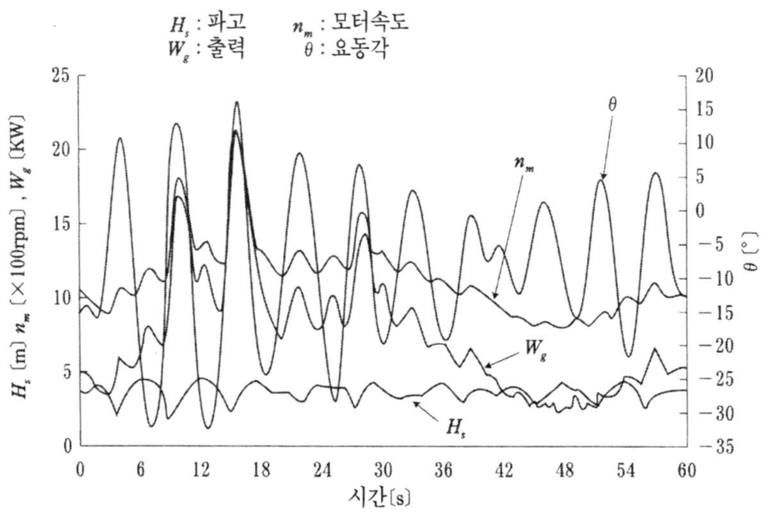

그림 6.42 해역 운전의 거동(로터리 벤 펌프)

약 0.5 m가 발생하였다. 이 변위는 입사파의 일그러짐이 수정된 정현파로 변해 있다. 펌프 압력의 No.1 쪽 24 MPa 및 No.2 쪽 24 MPa는 릴리프 밸브(relief valve)의 동작 압력이고, 일부 에너지가 유출되고 있다는 것을 실증하고 있다. 모터 토크의 피크 100 Nm, 모터 회전속도의 피크 3510 rpm이 기록되고 있다. 이 경우의 입사파 파워는 약 58 kW, 부하 펌프의 흡수 파워는 약 25 kW, 이 사이의 변환효율은 약 43 %이다.

폭풍우 때는 모터 회전속도가 5000 rpm～6000 rpm의 이상 고속으로 되어 위험했다. 그림 6.40에서는 모터 회로에 유량 조절 밸브를 추가하여 이상 고속이 발생하지 않도록 개량하였다.

그림 6.42는 로터리 벤 펌프를 사용한 새 실험기 운전 중의 거동 예이다. 파고 0.6 m～3.0 m에서 변화하고, 진자의 요동각

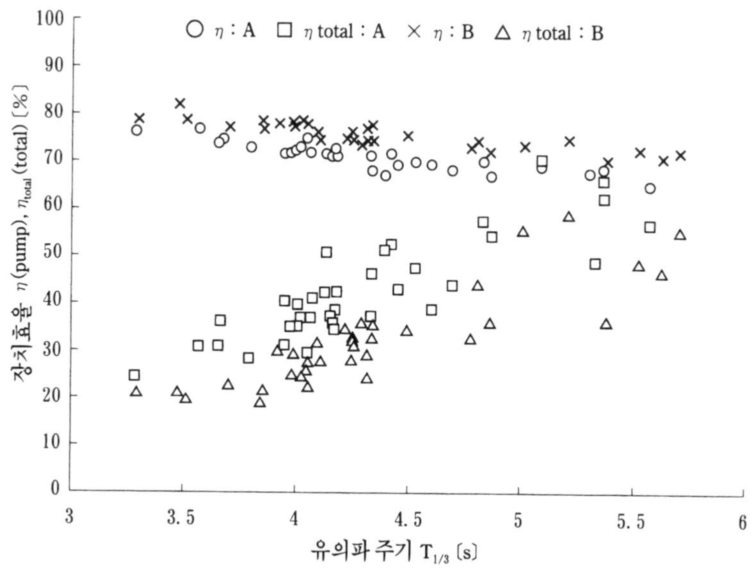

그림 6.43 진자식 파력발전 장치의 효율(출처:무로란공업대학)

11s° ~ 44°, 모터 회전수 800 rpm ~ 2300 rpm, 부하펌프 구동동력 2.5 kW~23 kW의 변화를 나타내고 있다. 그림 6.41에 비하여 입사파의 불규칙성이 심한 경우이다. 이 경우도 진자의 요동 운동에 고조파 성분은 보이지 않는다. 또 모터는 큰 대양파상의 속도 변동을 하지만 각개 파도 주기에 따른 속도 변동은 작다.

그림 6.43은 새 실험기에 의해서 측정된 장치 효율이다. 가로축은 입사파의 주기(유의파)이다. 일반적으로 높은 파고일수록 주기가 길다. 관측 데이터에 의하면 실험 해면의 유의파 (significant wave) 파고 $H_{1/3}$과 유의파 주기 $T_{1/3}$의 관계는 대략 식 (6.50)로 표시되었다.[17]

$$H_{1/3} \approx 0.0387 T_{1/3}^{2.2} \qquad\qquad\qquad (6.\,50)$$

따라서 짧은 주기파의 파워는 긴 주기파 파원에 비하여 훨씬 작다. 또 새 실험기의 고유 주기 $T_0 = 4.2\,\text{s}$(설계값)를 고려하면 $T_{1/3} < 4.0\,\text{s}$ 영역은 심각한 효율 저하를 피할 수 없다. 그러나 만(bay) 안의 좁은 해면이었기 때문에 짧은 주기파가 발생한 것일 뿐, 외해를 향하여 설치된 실용기의 경우에는 이와 같은 짧은 주기파는 존재하지 않는다.

그림 6.43의 측정에서는 시간 간격 $\Delta t = 0.3\,\text{s}$의 샘플값을 수록하였다. 측정 1회당 샘플수 $N = 4096$으로 하면, 측정시간은 1회당 $t_0 = \Delta t N = 0.3 \times 4096 = 1228.8\text{s} = 20.5\text{min}$이 된다. 이 파고 데이터를 이용하여 측정점마다 입사 평균 파워 W_w를 식 (6.51)을 이용하여 구한다.

$$W_w = \frac{\rho g B_p}{2\pi} \int_0^\infty c_g S(\sigma)\,d\sigma \quad \cdots\cdots\cdots\cdots\cdots \text{(6.51)}\ \text{평균 파워}$$

$$c_g = \frac{1}{2}\left(1 + \frac{2k_0 h}{\sinh 2k_0 h}\right)\frac{\sigma}{k_0} \quad \cdots\cdots\cdots\cdots \text{(6.52)}\ \text{군속도}$$

$$S(\sigma) = \lim \frac{1}{t_0}\left|X_t(\sigma)\right|^2 \quad \cdots\cdots\cdots\cdots \text{(6.53)}\ \text{파워 스펙트럼}$$

$$X_t(\sigma) = \int_{-\infty}^\infty a_t(t)\,e^{-i\sigma t}\,dt \quad \cdots\cdots \text{(6.54)}\ \text{관측된 파도 } a_t \text{의 진}$$
$$\text{폭스펙트럼}, t : \text{시간}$$

따라서 진자에 입사한 평균 파워 W_w는 측정값을 사용하여 다음 식에 의해서 표시된다.

$$\overline{W}_w = \frac{\rho g B_p}{2\pi} \sum_{l=1}^{2048} \frac{1}{2}\left(1 + \frac{2k_l h}{\sinh 2k_l h}\right)\left(\frac{g}{k_l}\tanh k_l h\right)^{1/2} \frac{\left|X_t(l\Delta\sigma)\right|^2}{t_0 \Delta\sigma} \quad \cdots \text{(6.55)}$$

여기서 k_1 : 첫번째 성분파의 파수, $\Delta\sigma = (2\pi/t_0) = 5.11327 \times 10^{-3}$rad/s, t_0 $=1228.8$ s, $\Delta t = 0.3$ s, $k = 1,2,3 \sim 4095$, $l = 1,2,3 \sim 2048$, $a_t(\Delta tk) : t = \Delta tk$ 때의 파고(k번째) 데이터

마찬가지로 하여 진자 출력(로터리 벤 펌프 입력 W_p와 같다)의 평균값을 구할 수 있다.

$$\overline{W}_p = \frac{1}{t_0}\int_0^{t_0} T_p \theta\,dt = \frac{1}{2\pi t_0 \eta_t}\sum_{k=1}^{4095}(p_{1k} - p_{2k})\frac{\theta_{\Delta t(k-1)} - \theta_{\Delta tk}}{\Delta t}\Delta t \quad \cdots\cdots \text{(6.56)}$$

여기서 T_p : 펌프 토크, θ : 펌프 각도, η_t : 펌프의 토크 효율, p : 펌프 압력

1차 변환효율 η_1은

$$\eta_1 = \overline{W}_p \Big/ \overline{W}_w \quad \cdots\cdots\cdots\cdots\cdots\cdots\cdots\cdots \text{(6.57)}$$

유압모터의 평균 입출력은 각각 다음과 같이 표시된다.

$$\overline{W}_{minput} = \frac{1}{t_0}\int_0^{t_0} D_m(p_3 + p_4)\frac{n_m}{\eta_{mv}}\,dt = \frac{D_m}{t_0 \eta_{mv}}\sum_{k=1}^{4095} n_{mk}(p_{3k} + p_{4k})\Delta t \quad \cdots \text{(6.58)}$$

$$\overline{W}_{moutput} = \frac{2\pi}{t_0}\int_0^{t_0} T_m n_m\,dt = \frac{2\pi}{t_0}\sum_{k=1}^{4095} T_{mk} n_{mk}\Delta t \quad \cdots\cdots\cdots\cdots\cdots \text{(6.59)}$$

펌프 및 모터 효율

$$\eta_p = \overline{W_m} \Big/ \overline{W_p} \quad\cdots\cdots\cdots\cdots\cdots\cdots\cdots\cdots\cdots\cdots\cdots\cdots\cdots\cdots\cdots\cdots (6.\,60)$$

$$\eta_m = \overline{W_{m\,\text{output}}} \Big/ \overline{W_{m\,\text{input}}} \quad\cdots\cdots\cdots\cdots\cdots\cdots\cdots\cdots\cdots\cdots\cdots\cdots (6.\,61)$$

실험장치 효율 : η_{total}

$$\eta_{\text{total}} = \overline{W_{m\,\text{output}}} \Big/ \overline{W_w} \quad\cdots\cdots\cdots\cdots\cdots\cdots\cdots\cdots\cdots\cdots\cdots\cdots (6.\,62)$$

이다.

그림 6.43에서는 $T_{1/3}=4.5\,\text{s}\sim6.0\,\text{s}$에 주목하도록 하자. 실험은 8단계의 부하조건에 대하여 실시하였으나 임피던스 매치가 좋은 두 예만을 선택하여 도시하였다. 또 가장 양호한 경우(실용 후보 □표)에 주목하면

① 장치효율(평균) η_{total} : $45\sim60\,\%$, $T_{1/3}=6.0\text{s}$을 향하여 상승하는 경향

② 로터리 벤 펌프효율(평균) η_p : $70\sim65\,\%$, $T_{1/3}=6.0\text{s}$를 향하여 하강하는 경향

이다. 그림의 모든 점을 대조한 1차 변환효율(평균)은 $\eta_1=66\,\%$였으므로 다음과 같은 결론을 얻었다.

① 실험기의 효율을 감안할 때 진자식 파력발전 장치의 효율은 $\eta_{\text{total}}=40\sim50\,\%$를 기대할 수 있을 것으로 생각된다.

② 실린더 펌프에 비하여 이번의 로터리 벤 펌프는 효율이 낮다. 내부 누출로 인한 효율 저하가 원인이다. 따라서 실 성능의 향상이 필요하다.

로터리 벤 펌프는 장치의 내구성 향상에 공헌하였다. 당초

펌프효율 80%를 목표로 시험 제작에 들어갔다. 1호기는 펌프효율 30%였다. 그러나 2호기에서는 펌프효율(평균) 70~65%로 향상되었지만 그 후의 연구가 중단되었다. 구조는 선박용 러더(rudder)의 액추에이터와 유사하며, 특히 전문업자 참여에 의한 계속 연구를 염원하고 있다.

6.10 해상 발전용(부체형) 300kW 진자식 파력발전 장치

진자식 파력발전 장치에서는 발전 단가의 약 70%는 잠함 제작비가 차지하고 있다. 발전 코스트를 절감하기 위해서는 잠함의 비율을 어떻게 떨어뜨리느냐가 과제였다. 이와 같은 요구에 따라 잠함 대용의 부체(浮體)를 사용한 해상발전 구상이 탄생했다. 수조실험을 통하여 발전단가 절감의 가능성은 물론 수소 생산용으로도 이용할 수 있다는 것을 알았다. 그러기 위해서는 다음 요소들이 필요하다.

① 잠함을 대체하는 선체의 건조비가 저렴할 것.

② 파랑으로 인한 선체 요동이 발전을 저해하지 않을 것.

일반적으로 복수의 앵커(anchor)를 사용하여도 파랑을 극복하여 선체를 완전 정지시키기에는 어려움이 따른다.[28] 파랑과 같은 위상의 선체 요동은 진자에 대한 입사파 파워를 감소시킨다. 역위상이면 입사파 파워는 증가한다.

그림 6.44에 보인 부체식 파력발전 장치는 수실을 가진 선체를 사용하여 파랑 중의 선체 요동을 제지시키는 구조로 되어 있다. 고정 잠함 사용 때와 비슷한 효과가 측정되었다. 다음의 원리를 이용.

① 선체에 작용하는 파랑으로 인하여 선체는 ⓐ 상하 방향 운동(Heave motion), ⓑ 전후방향 운동(Surge motion), ⓒ 요동 운동(Pitching motion)을 한다. 이와 같은 3방향의 파력을 액티브 댐핑법으로 상쇄한다.

② ⓐ 선체에 작용하는 부력은 파랑과 더불어 변동한다. 수실 안에 진입한 파도는 선체를 눌러 침몰시키려는 방향으로 작용한다. 이 부력과 눌러 가라앉히려는 힘이 상쇄되도록 선체를 설계하여 Heave motion을 소멸시킨다. ⓑ 선체 후방의 1/2파장 위치에 수직판을 설치하면 수평판에는 역 Surge motion의 파력이 작용한다. 이 힘으로 Surge motion을 소멸시킨다. ⓒ 선체 후방의 1/2 파장 위치에 수평판을 설치한다. 수평판에 작용하는 파력으로 선체에 역 Pitching motion 작용을 시켜 선체의 Pitching motion을 해소한다.

선체는 조류를 따라 흐르도록 한 줄의 로프로 느슨하게 계류되어 있다. 선체 방향은 파도 방향을 향하여 자동적으로 조정된다. 폭풍우 때는 안전한 장소로 대피시킬 수도 있다. 그림 6.44에서는 선체로 향하는 파도 에너지의 약 90%가 선체에 흡수되고, 선체 후방을 향하여 통과하는 에너지는 약 10%에 불과하다. 따라서 평온한 해면을 창출하는 효과가 있다.

180° 위상차를 이용하고 있으므로 파장이 변화하면 위상차의 이탈이 일어나 효과 감소가 발생한다. 폭풍우 때의 파고는 높고 또한 장파장이므로 심한 파랑에는 발전효율이 떨어지게 된다. 액티브 댐핑작용의 감소로 선체가 요동하게 된다. 그 결과 진자에 대한 입사 파워 비율이 감소하고, 진자 장치에 대한 입사 파워는 거의 일정하게 유지된다. 본질적인 입력 제어작용이 있어 이상 입력을 방지한다. 이용자에게 있어 편리한 특성이다.

수실 안의 수심 h=4m, 진자의 너비 B_p=5m를 3대 병렬로 연결하여 출력 300kW가 된다. 그림 6.44는 그중의 1대이다(1/25 scale model).[29]

그림 6.44 부체식 파력발전 장치(T·wave C.V./무로란공대)

6.11 파력발전 부이(Heave & Pitch Buoy)

해상 교통의 안전을 확보하기 위해 항로 식별용 파력발전 부이가 많이 사용되고 있다. 이 부이의 발전용량을 한 차원 높여 용도를 확대하고자 하는 여망에서 그림 6.45의 10 kW 파력발전 부이가 발명·연구되었다. ① 발전용 부이를 ② 머더 부이(mother buoy)에 장착한 것으로, 2대의 부이 간 상대운동이 전력으로 변환된다. 진행파(정상파는 아니다) 중에서 사용된다. ① 발전용 부이에는 파도의 위치 에너지를 흡수하는 부체(Heaving

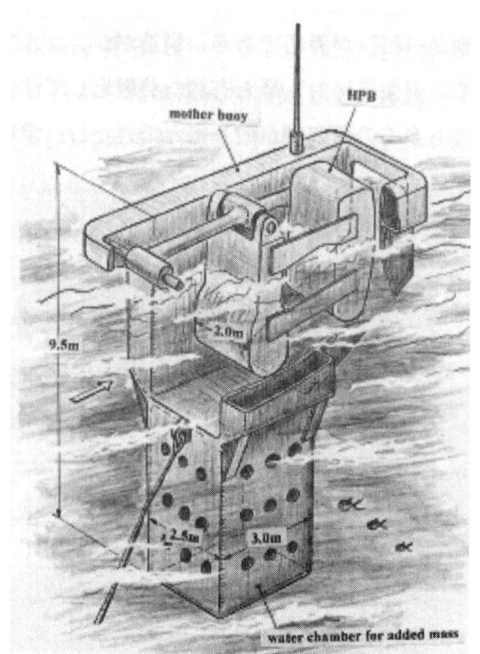

그림 6.45 파력발전 부이(Heave & Pitch Buoy)

motion에서 진행파에 공명)와 파도의 운동 에너지를 흡수하는 부체(pithing motion에서 진행파에 공명) 등 2종류의 부체가 조합되어 있다.[30),31)]

① 발전용 부이는 파력에 대하여 위상차 약 60° 뒤지고, 머더 부이는 파력에 대하여 위상차가 약 120° 뒤진다고 하면, 2대의 부이 간 상대 운동은 ① 발전용 부이 1대(단독)의 운동보다 커져 발전출력의 증가가 실현된다. 발전용 부이는 ② 머더부에 대하여 2자유도의 운동을 할 수 있다. 링크로 결합되고, 그 두 조인트부는 로터리 벤 펌프가 겸용하고 있다. 부이의 운동은 이 2대의 펌프에 의해서 흡수되고, 유압 모터가 직결된 발전기를 거쳐 전력으로 변환된다.

② 머더 부이는 하부에 수실이 달린 게이지가 있으며, 게이지 안의 물은 부이의 부가 질량이다. 이에 의해서 소정의 위상 특성이 발생한다. 폭풍우 때는 ② 머더 부이의 위상차가 90° 뒤짐에 가까워지고, ① 발전용 부이 출력의 이상 증가를 회피할 수 있다(일종의 입력제한 기능). 부이는 한 가닥의 로프로 여유롭게 계류된다. 부이는 자동적으로 파도의 방향으로 정면을 향한 자세를 유지한다.[32),33)]

6.12 각종 파력발전 시스템

세계를 대표하는 파력발전 장치는 수주 진동형(Oscillating Water Column;OWC)이고, 그림 6.46은 그 구조와 원리를 보인 것이다.

그림에서는 밀폐된 공기실 안으로 입사파가 도입되고 있다. 실내에서 파도가 상하로 진동하면 실내 공기가 압축·팽창을 반복한다. 이 공기를 덕트에서 대기 쪽으로 접속하면 덕트 안에는 왕복 공기 흐름이 생긴다. 이 왕복 공기 흐름으로 터빈 발전기를 운전하게 된다. 터빈은 공기의 흐름 방향 변화에 상관 없이 한 방향으로 회전한다. 웰스터빈, 충격터빈이 유명하다. 구조가 심플하고 터빈에는 파력의 직접 작용이 없으며 내구성도 가장 유리한 장치로 주목되었다. 실용화를 위하여 장기간 가장 많은 연구원들이 연구하여 왔고, 참고 도서도 적지 않다.

그림 6.46 수주 진동형 파력발전 장치(Queen's Univ. of Belfast UK)

그러나 낮은 효율에 원인하는 전력의 비싼 가격문제 해결이 과제이다. 또 그 심플한 구조가 오히려 자유로운 대책을 속박하고, 터빈의 대형화, 시스템 응답의 최적 위상차로부터의 이탈을 초래하고 있다. 효율을 개선하기 위한 방책으로 가변 피치날개 터빈 채용과, 복합 시스템의 채용, 파라볼라형 집파판(集波板) 병용 등이 연구되고 있다.

OWC의 응답성에는 과대한 위상 뒤짐 요인이 존재하는데, 이것을 해결하지 않는다면 전술한 대책만으로는 불충분하다. 다른 방식에 비하여 여전히 발전효율이 낮은 것이 우려된다.[34),35)] 따라서 여기서는 OWC를 대신하여 최근에 개발된 장치를 중심으로 소개하겠다. 이것들은 효율을 중시한 Direct Conversion Method(DCM) '운동체를 파력으로 직접 구동하는 방식'이다. 파력이 직접 작용하므로 내구성 확립이 중요 과제이다.

6.12.1 사상(蛇狀)부체형 : Pelamis(Ocean Power Delivery Edinburgh UK)

Ocean Power Delivery사(스코틀랜드)는 뱀 모양의 부체형 파력발전 장치를 개발하여 2004년 8월부터 발전운전을 시작하였다. 그림 6.47(a)(모델)와 (b)(750 kW 프로트형)에 보인 장치가 그것인데, Pelamis란 이름으로 통한다. 실린더 형상의 몇 개 부체가 서로 힌지 결합하여 직선상의 길다란 집합체를 형성하고 있다. 이것을 파도의 진행 방향과 평행하게 해면에 띄워 놓으면 부체를 따라 파도가 진행함에 따라 부체는 파면의 상하운동에 추종하면서 뱀처럼 움직인다. 힌지부에서 인접하는 실린더 간의 상대 운동을 유압 에너지로 변환하고, 또 유압 모터 구동 발전기로 전력으로 변환하여 외부로 송전한다. 진행파를 대상으로 하여 부체에 작용하는 동적 부력이 구동원이 된다. 그러나 파도의 운동 에너지는 구동에 그다지 관여하지 않는다.

효율이 좋은 발전을 하기 위해서는 공진운전, 임피던스 매치조건을 유지하는 동시에 「부체 요소 2대를 연결한 합계 축 길이」=「파장」으로, 실린더 간 상대 운동이 활발하게 이루어지도록 한다. 힌지를 지점으로 하여 2대의 실린더 펌프가 대칭으로 배치되어 있다. '한 쪽 부체 내부에 펌프 고정쪽'이 있고, '마주하는 펌프 구동 쪽은 다른 쪽 부체 쪽'에 있다. 힌지를 지점으로 하여 고정 쪽에 대해 구동 쪽이 상대적으로 운동한다. 지점에 대한 반발력은 매우 커지므로 힌지부의 내구성과 윤활 설계에는 세심한 주의가 요구된다.[36]

그림 6.47 (a)(모델)는 파장에 비하여 짧은 원통형 부체를 다수 연결하고, 많은 힌지부에서 분산적으로 에너지를 획득하고 있다. 실용기는 경제성이 중시되므로 힌지부의 수를 필요 최소한으로 할 필요가 있다.

그림 6.47 (b)의 예는 지름 3.5 m 원통상 부체 4대를 연결하여 전장 150 m로 한 것으로, 3개소의 힌지부에서 단독기 125 kW, 실린더 펌프 2대와 가변 용량형 모터 1대를 조합한 유압 변속기(회로 유압=10~35 MPa)를 사용하여 발전기를 구동함으로써 합계 125 kW×2(units)×3(Places)=750 kW를 발전한다. 전력은 해저 케이블을 통하여 육상으로 송전된다. 일반적으로 송전용 케이블 시설비는 상당히 많은 비용이 소요된다.

그림 6.47 (a) 수조의 모델 Pelamis(Ocean Power Delivery Edinburgh UK)

그림 6.47 (b) 운전 중인 Pelamis 750kW (Ocean Power Delivery Edinburgh

장치는 조수에 떠밀리지 않도록, 또한 부체의 운동을 저해하지 않도록 쇠줄로 해저에 계류되어 있다.

장치는 외관 형상으로 미루어 보아 폭풍우 때에 큰 파도는 부체를 타고 넘을 것이므로 과대 부력으로 인한 장치의 파손은 피할 수 있다.

그림 6.47 (b)의 정격출력 750 kW는 유의 파고 $H_{1/3}=5.5\,\mathrm{m}$,

유의파 주기 $T_{1/3}$=8 s, 단위 너비당 파력 파워(평균값) W_{w0}=
106.5 kW/m일 때를 기준으로 한 값이다(상식 밖의 높은 파력
파워 값). 따라서 실제 해역 운전에서의 가동률은 매우 낮은
수준(예컨대 10 % 이하)이 될 수밖에 없다. 또 전술한 스리랑
카 250 kW 진자식(가동률=46 %[20])은 W_{w0}=21.1 kW/m를 기준
으로 하고 있다. 즉, Pelamis´ W_{w0}는 Pendulor´s W_{w0}의 500 %
이므로 스리랑카 해면에서의 750 kW Pelamis의 정격 출력은
150 kW에 상당하다.

그림 6.48은 Pelamis 구성 요소의 내부 모습이다. 부체 끝
쪽에 한 쌍의 힌지가 있고, 힌지의 회전축 중심선을 사이에
두고 2조의 실린더 펌프가 있다. 모터 구동의 발전기, 제어 밸
브, 축압기, 탱크 등이 설비되어 있다. 밀폐된 부체 내부에 구
성 요소가 수용되어 있다. 운전 중에 사람이 접근할 수는 없
기 때문에 보수와 점검이 불편하다. 특히 실린더 펌프에 대해
서는 외부에서 밀폐실 안으로 운동을 전하여 구동하므로 그

그림 6.48 Pelamis 구성 요소의 내부(Ocean Power Delivery Edinburgh UK)

밀폐성에 대한 신뢰성이 중시된다. Pelamis는 미국에서 채용이 검토되고 있다.[37] 또 포르투갈은 포르트 북방 50 km 연안의 난바다에 합계 30대의 제1차 계획으로 3대의 Pelamis 설치를 결정하였다(2005년 5월).

6.12.2 McCabe Pump 해수 담수화 장치 (Hydam Technology Ltd. Ireland)

지구환경 파괴와 더불어 물도 오염이 진행되므로 생활에 필요한 맑은 물 부족이 해마다 심각의 도를 더하고 있다. 그 대책의 하나로 파력 에너지를 이용하여 바닷물에서 청수를 생산하는 기술 개발이 추진되고 있다. 이 기술은 장차 크게 보급될 가능성이 있다. 여기서는 한 가지 예를 소개하겠다.

그림 6.49는 아일랜드 샤논강 하구에서 실증 운전 중인 McCabe Pump 해수 담수화 장치(Hydam Technology Ltd. Ireland)이다. 전장 41m, 부체 너비 4m, 흘수 2.5m, 난바다에서 밀려오는 파도의 진입에 대하여 장치 선단이 정면으로 마주보는 자세로 계류되어 있다. 그 파도에 대한 거동은 전술한 Pelamis와 유사하다.[38]

중앙 부체(수중에 대형 멤퍼 플레이트를 설비하여 파랑 속에서도 거의 정지하고 있다) 전후에 가느다란 부체가 힌지 결합되어 있다. 입사파가 장비 선단에서 후단을 향하여 이동함에 따라 파력에 의해 가느다란 부체에 운동이 발생한다. 힌지부의 '중앙과 길다란' 두 부체 간의 상대 운동이 실린더 펌프를 구동하고, 그 토출압력 에너지로 역삼투막법 장치를 운전하여 해수 담수화를 한다. 이 경우에 필요한 대부분의 동력은

그림 6.49 McCabe Pump 해수 담수화 장치(Hydam Technology Ltd. Ireland)

압력 약 6 MPa로 해수를 압송하는 해수펌프 동력으로 소비된다. 따라서 파력 에너지로 직접 실린더 펌프(해수용)를 구동한다면 시스템은 매우 심플하게 되고, 또 장치의 배수가 가지는 에너지도 횟수할 수 있어 효율이 높다. 파고 2 m의 파도가 칠 때 연간 46만 톤의 맑은 물을 생산할 수 있다. 이 맑은 물의 단가는 0.16 $/ton이므로 해수를 비등 증류하는 플래시법(flash process)에 비하여 1/15이나 낮은 가격이다. 그리고 CO_2의 발생도 없다. 중앙 부체에 기계장치가 탑재되고 보수와 점검이 용이하다. 지상에서 완전하게 조립을 끝낸 다음 2대의 트럭 크레인으로 바다 위에 띄운다. 도크 야드가 불필요하므로 보급이 기대된다.

바꾸어 말하면, 이 방식은 토출압력 6 MPa, 일정한 해수 펌프 시스템이 기둥격이다. 파랑 현상은 늘 변동하므로 정용량형 실린더 펌프를 사용하여서는 시스템 효율이 떨어지는 것을 피할 수 없다. 그림 6.49의 근접 화면을 보면 그 실린더 펌프의 겉모습과 설치 상태를 알 수 있다. 이 개선을 위해 진자 장치로 구동하는 가변 용량형 벤 펌프에 의한 역삼투막 해수 담수화 장치가 제안되었다.[39),40)]

6.12.3 해수 순환 장치 The Wave Plane (Wave Plane International A/S, Denmark)

덴마크는 2003년까지 필요한 전력의 3분의 1을 자연 에너지로 공급하기로 결정했다. 파력 에너지 이용에 관해서도 연구가 진행되고 있다. 여기서는 덴마크에서 개발한 가동부가 전혀 없는 해수 순환 장치의 예를 소개하겠다.[41)]

그림 6.50에 보인 해수 순환 장치 The Wave Plane(Wave Plane International A/S, Denmark)는 경사면을 입사파에 지향시킨 2조의 방파제상 부체를 V자형으로 결합시킨 구조로 되어 있다. 경사면을 향하여 온 파도는 경사면을 타고 올라 부체 안의 유로를 통하여 뒤쪽 수직관에서 해수 깊은 부분으로 유출한다. 이때 바다 표면의 산소 농도가 높은 해수가 바다 깊은 곳으로 보내지고, 깊은 곳의 산소 농도가 낮은 바닷물과 교체된다. 입사파가 가진 '위치 및 운동' 두 에너지가 대상이

그림 6.50 해수 순환 장치 The Wave Plane(Wave Plane International A/S, Denmark)

되어 효율이 좋다. 해수 순환 용도로는 매우 합리적으로 되어 있다.

파도가 경사면을 능률적으로 타고 오르기 위해서는 부체가 파랑 속에서도 정지해 있어야 한다. 그러기 위해서는 다음과 같은 대책을 강구하고 있다.

① V자형 선단에서 후단을 향하여 파도의 타고오름이 이동하면서 이루어지므로 파력에 의한 외력이 분산적으로 된다.

② 타고 오르는 동안 파도는 경사면에 대하여 부력작용을 상쇄하는 방향의 압력을 작용시키므로 부력으로 인한 부체 요동이 없다.

③ 부체 밑에는 댐퍼 플레이트와 수직관이 있어 부체 요동을 제지하고 있다.

위의 작용으로 부체의 Heave, Surge & Pitching 3방향의 요

동이 제지되고 있다.

경사면부에는 여러 가지 높이의 안내판이 있고, 입사 파고의 변화에 대응하여 능률적으로 물이 유입하도록 되어 있다. 그림 6.50은 1/5 스케일의 모델이다. 너비 5m, 장치 질량 3000 kg이고, 파고가 불과 H=0.2m일 때 순환 수량 13300 ton/day의 능력이 있다고 한다. 가동부가 없으므로 보수가 용이하다. 파고가 높지 않는 양식장에서도 가능하고 정화효과 등 많은 장점이 있다.

장치의 토출 흐름에 회전을 부여하여 그 회전 흐름으로 발전용 수차를 구동하도록 한 것도 있다.

6.12.4 해상 파력발전 장치 Wave Dragon
(Wave Dragon ApS, Denmark)

부체에 의한 해상 발전 장치이다. 간단한 구조를 사용하여 가능한 한도의 발전 성능을 추구한 장치이다. 먼저 파도 에너지를 개질한다. 즉, 그림 6.51 ⓐ에 보인 중앙 부체의 양쪽 측면에서 비스듬히 전방으로 뻗은 집파판(集波板)이 입사파를 중앙 부체 전면으로 유도한다. 이 과정에서 에너지가 집약되어 고밀도의 에너지파로 된다. 이 승압 에너지는 저낙차 프로펠러 수차를 운전할 수 있는 수준에 이르므로 그 낙차를 이용하여 수력발전을 한다. 그림 6.51 ⓑ는 원리를 나타낸 것이다. 이의 구체적인 구조를 그림 6.51 ⓒ를 바탕으로 설명하겠다.

해상 발전에 사용하는 부체에는 저수지가 마련되어 있다. 집파판으로 광역의 파도를 모아 농축하고, 그 고밀도 에너지의 파도가 경사면을 타고 올라 높은 곳의 저수지에 유입되도

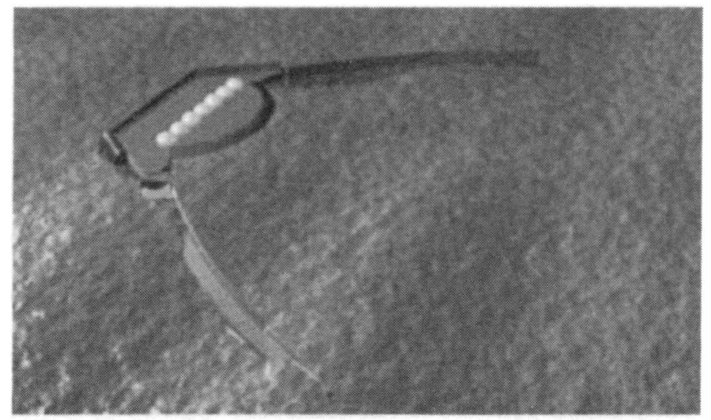

(a) 구조

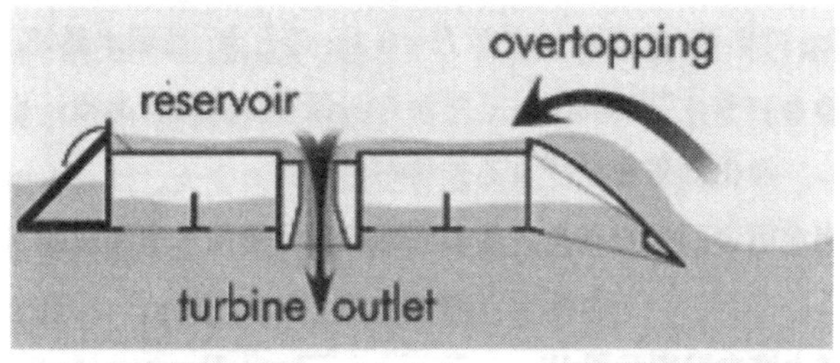

(b) 원리

(c) 플로트타입 해양 파력발전 Wave Dragon(Wave Dragon ApS, Denmark)

그림 6.51 해양 파력발전 장치 Wave Dragon

록 되어 있다. 부체의 흡수량은 조정이 가능하므로 파고의 변화에 순응하여 흡수량을 변화시켜 가장 적합한 저수지 높이로 조정하여 고효율을 유지한다. 저수지와 해면의 수위차를 이용하여 복수대의 저낙차 프로펠러(kaplan형) 수차를 병렬 운전하여 발전한다. 저수지의 적분효과로 주기 변동분이 소멸되어 안정된 출력을 얻을 수 있다. 장치 용량 (단체) $4 \sim 11\,\mathrm{MW}$가 발표된 바 있다. 해저에 완만하게 계류된다.[42]

6.13 파력발전 시스템의 결론

이제까지 설명한 바와 같이, 진자식 파력발전 장치를 대표적인 예로 들어, 파력발전 시스템에 관한 기술적 측면을 설명하였다. 기술의 현실적 이해와 그 확립이 가장 서둘러야 할 과제라 생각되기 때문이다. 이제 다음과 같이 종합 정리할 수 있다.

① 해양의 파도는 대체로 규칙파라 간주할 수 있다. 안테너 이론을 적용하여 효율적인 에너지 획득이 가능하다.

② 파도는 초저주파수에서 높은 파워 스펙트럼 특성을 나타낸다. 파도 특성에 부합되는 발전 시스템을 사용하는 것이 기본이다.

③ 수용가는 강고한 정상성을 갖는 고품질의 전력을 요구한다. 비정상성인 파력 에너지 측면에서 본다면 기대에 벗어난 수준이다. 이것을 생산하여 시장가격 이내의 값으로 공급해야 한다. 쉽지는 않지만 그렇다고 불가능한 것은 아니다.

④ 목표를 당성하기 위한 발전장치 개발은 시스템에 따라 성패의 여부가 결정되므로 어떠한 시스템을 채택하느냐가 매우 중요하다. 적어도 종합효율 30 % 이상의 시스템을 대상으로 하고, 기계식은 더 많은 연구가 필요하다.

⑤ 발표된 시스템들은 표면적으로는 이미 알려진 평범한 기술을 집적한 것처럼 보인다. 그러나 실용 장치로서의 관점에서 보면, 치밀한 조사와 검토가 거듭되어 귀중한 노하우가 바탕에 깔려 있다.

⑥ 수소 생산, 해수 담수화, …… 등에 창의적인 이용법을

생각할 수 있다.

⑦ 이와 같은 기술을 발전시킨다면 머지않아 파력발전의 실용화 시대가 도래할 것으로 전망된다. 예를 들면, Pelamis 750 kW에 의한 파력발전에 관하여 경제성을 의식한 본격적인 검토가 미국과 포르투갈에서 진행되고 있다. 또 양적 대상뿐만 아니라 파력 에너지의 특징을 살린 이용이 기대된다.

〈참고문헌〉

1) 緒方輝久：「波力発電の現状と将来」, 『エネルギー・資源 特集 海洋資源・エネルギー』, Vol.23 No.2 (2002)

2) 渡部富治：「波力発電実用システムの条件」, 『日機会第5回動力エネルギー技術シンポジウム '96 講論集』, 1996

3) 前田久明：「波浪エネルギー利用技術」, 第1回波浪エネルギー利用シンポジウム, Nov. 27-28, 1984

4) 入江俊博, 山田 元：『工業力学, 振動』, 理工学社, 1986

5) T. Watabe, M. Fujiwara, M. Kuroi, K. Yaguchi and H. Kendo： "A Hybrid power supply concept of the Pendulor device", Proc. Renewable energy technology and the environment, Vol.5, 1990

6) Takuji Fujikawa et al： "Mitsubishi High Efficiency Large Capacity Wind Turbines", Mitsubishi Heavy Industries, Ltd, *Technical Review* Vol.39 No.3 Oct. 2002

7) 油圧技術便覧編集委員会：『油圧技術便覧, 航空機, 恒速装置』, 日刊工業新聞社, 1976

8) T. Watabe, H. Kondo et al： "Ocean Wave energy converter", US Pat. 4400940(1983), UK Pat. 2071772(1983) and Canada Pat. 1164767(1984)

9) T. Watabe, H. Kondo et al： "Electricity generation method by

ocean" waves, US Pat. 4580400(1986)

10) 浅野誠一：「フラップ型波力発電装置の効率」, JTTC, SK6O-14報告, Feb. 1980

11) T. Watabe, H. Yokouchi, H. Kondo, M. Inoya and M. Kudo："Installtion of the New Pendulor for the 2nd stage sea test", Proc. 9th ISOPE Brest, France, May-June 1999

12) T. Watabe, H. Kondo, K. Yano, K. Okuda, T. Matsuda and Y. Dote："Low cost power generation by ocean waves, Reports of special project Research on Energy of MESC Japan", *Research on Natural Energy,* Oct. 1987

13) T. Watabe："Pendulor wave energy converter -15years study and future prospect", Proc. ODEC, *Muroran,* Japan, Aug. 1993

14) 渡部富治, 近藤俶郎, 외 4인：特許 2539742, 「振り子式波力発電装置」, 1996년7월

15) 渡部富治, 近藤俶郎, 他3名：特許 2573905, 「揺動型ベーンポンプ」, 1996년10월

16) 渡部富治, 近藤孔郎, 外3名：特願平7-283110, 「揺動型ベーンポンプのシール構造」, 1995년10월

17) 内田油圧機器工業：「Rexroth アキシャルピストンポンプ/モータ, カタログ」, 1999

18) 西材正太郎, 丸橋 徹, 岡田隆夫, 材上吉繁：「現代電気機器学」, オーム社, 1988년1월

19) T. Watabe, H. Kondo, H. Shirai and K. Seino："Remodelling of Muroran Wave Test Plant", Proc. ISOPE Osaka, Japan, April 1994

20) T. Watabe, H. Yokouchi, "SDGSP. Gunawardane, BRK. Obeyesekera and UI. Dissanayake, Preliminary study on wave energy utilization in Sri Lanka", Proc. ISOPE Stavanger, Norway, June 2001

21) 渡部富治：特願2000-128632, 「ケーソン長さ短縮型振り子式波力発電装置」, 2000년3월

22) 渡部富治, 近藤俶郎, 山岸英明, 工藤昌信：「振り子式波力発電プラントの設計」, 第3回 波浪エネルギー利用シンポジウム, 海洋科学技術センター, 1991년11월

23) T. Watabe, H. Yokouchi, "SDGSP. Gunawardane and Ajit Thakker, Autonomous optimization control and the controller for Pendulor", Proc. 5th JFPS Int. Symposium on Fluid Power, Nara 2002, Vol. 3, Nov. 2002

24) 渡部富治：特願2000-373548, 「振り子式波力発電装置の制御装置」, 2000년11월

25) 渡部富治：特願2000-403806, 「揺動ベーン型ポンプ・アクチュエータ」, 2000년12월

26) 渡部富治：振り子式波力発電装置；Pendulor, 『北海道胆振支庁の助成出版による研究報告書』, 2000년4월

27) T. Watabe: "Some Considerations to Ocean Wave Power Converter", Proc. ISOPE Honolulu, USA, May 1997

28) JAMSTEC：「波浪エネルギー利用技術の研究開発 −沖合浮体式波力装置」『マイティーホエール』の開発, 2004년3월

29) 渡部富治：特願2003-338775, 「浮体型波力発電装置」, 2003年8월

30) 渡部富治：特許3218462, 「波力エネルギー変換装置」, 2001년8월

31) 渡部富治：特願2001-173239, 「高出力波力発電ブイ」, 2001年5월

32) 渡部富治, 飯島 徹, 横内博宇, 「スダト グナワルダネ, 1~10 kW クラス ミニチュア波力発電装置」；HPB, 『日設工学会1999년 가을 研究発表講演會講論集』, 日設工學會, Aug. 1999

33) 渡部富治, 横内博宇, 「スグト グナワルダネ, 波力發電用 ヒーブ
・ピッチブイ(HPB)の沖係留」, 『日設工學會北海道支部研究發
表論文集』, No.1-2001, 日設工學會, May 2001

34) J.R.M. Tavlor, S.H. Salter : "Design and testing a Plano-
Convex Bearing for a Variable pitch Turbine", Proc. 2nd
European Wave Power Conference Lisbon, Portugal, Nov.
1995

35) Matt Folley, Trevor Whittaker : "Identification of non-linear
flow characteristics of the LIMPET shoreline OWC", Proc.
12th ISOPE Kitakyushu, Japan, May 2002

36) http://www.oceanpd.com/Prelamis/dehault.html, The Pelamis
Wave Energy Converter, 2005

37) http://www.epri.com/WhitePaperContent.asp?, Wave Energy
Warrants Further Research and Development, 2005

38) http://www.wave-power.com/product.htm, The McCabe Water
Pump

39) 渡部富治, 近藤俶郎, 외 3인 : 特願平7-284905, 「波浪エネルギ
ーを利用した海水淡水化装置」, 1995년11월

40) T. Watabe, H. Kondo et al: "Feasibility studies on a direct
pumping system coupled with a Pendulor for desalinating
seawater", 2nd European Wave Power conference, Nov. 1995

41) http://www.waveplane.com/products.htm, Wave Plane
International A/S

42) Lars K. Hansen, Lars Christensen and Hans Chr. Sorensen :
"Experiences from the Approval Process of the Wave Dragon
Project", Proc. 5th European Wave Energy Cork, Ireland, Sept.
2003.

제 7 장

파력발전 잠함

7.1 수실과 잠함

앞 장에서 살펴 본 각종 파력발전 시스템에서는 입사한 파도의 에너지를 효율적으로 변환하기 위해 파도의 에너지를 가두기 위한 용기 등, 외부 시설이 필요했었다. 이것은 OWC의 경우 수실(Water Chamber) 또는 공기실(Air Chamber)이라고 하는 것이고, 진자(pendlum)식의 경우는 수실이 그것이다.

수실은 견고한 암반으로 이루어진 급준한 낭떠러지 해안에서는 그 지반을 굴삭하여 건설하는 것이 가능하지만(LIMPET의 케이스[1]) 보통 해안에서는 잠함(caisson)이라고 하는 철근 콘크리트로 만든 상자 모양의 구조물로 형성된다. 잠함은 직립 방파제나 혼성 방파제 직립부의 외곽 구조로 사용하는 것은 우리나라에서도 많이 보급된 공법이다.

7.2 OWC 발전 잠함

　고정식 OWC에 잠함으로 수실을 얻는 공법은 OWC가 처음 개발된 1970년대부터 제안되었다. 일본에서는 사케타(酒田)항에 파력발전 실험제로 시설할 때부터 본격적으로 적용하기 시작했다(그림 7.1).[2] 사케타의 경우는 방파제와의 겸용을 목적으로 하고 있으므로 땅의 언저리가 넓어지지 않도록 여러 개의 수실 중에서 바다 쪽만을 OWC용 수실로 하고, 그 밖의 수실은 재래형 잠함 방파제와 마찬가지로 모래로 속을 채움으로써 파력에 대한 필요 안정 중량을 확보하고 있다.

설계 조건	
설계파고	H_{max} 15.3m
	$H_{1/3}$ 10.2m
설계주기	$T_{1/3}$ 14.5sec
입사각	25°

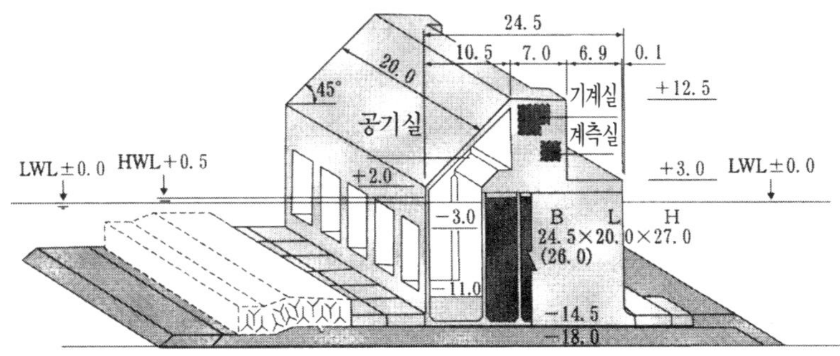

그림 7.1 일본 사케타항의 OWC 파력발전 잠함제

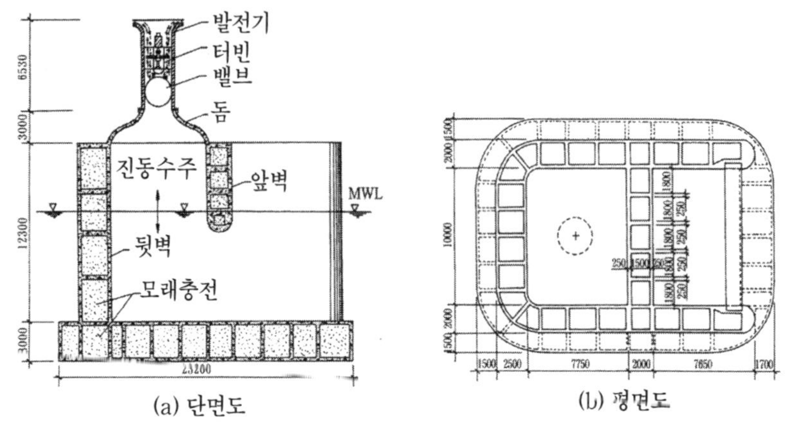

그림 7.2 Trivandrum(인도)의 OWC 잠함

인도(印度)에서도 그림 7.2와 같은 잠함식 수실을 가진 OWC가 건설되었다.[3] 인도의 경우는 수실을 충분히 크게 취하고 있으며, 안정 중량은 잠함 바닥부에 모래를 충전하여 확보하고 있다.

7.3 진자식 발전 잠함

7.3.1 무로란공대의 실험 플랜트 잠함

일본 북해도에 소재하는 무로란공대(室蘭工大)는 1975년부터 파력 에너지 이용 연구를 시작하여, 방파시설에 부설하는 파력 에너지 변환 시스템으로 파력 수차식, 공기압 진자식 및 진자식을 실내 실험을 통하여 개발하였다. 그 후에 그 시설들에 대한 현지 성능을 조사학기 위해 1980년에 무로란항 북쪽 밖 방파제의 외해 쪽에 테스트 플랜트를 설치하였다(그림 7.3, 그림 6.27 참조).

테스트 플랜트는 그림 7.4에서 보는 바와 같은 R.C.의 개구 잠함으로, 중앙의 격벽으로 형성되는 2개 수실인데, 2기의 변환 시스템을 설치할 수 있도록 되어 있다.

그림 7.5는 무로란항의 파랑 초과 확률도이다.

7.3.2 안정조건

제5장에서 설명한 바와 같은 직립 불투과식 방파제가 파력을 받는 경우 직립부의 활동(滑動)에 대한 안정식은 아래 식으로 주어진다.

$$\frac{\mu\,(W-B_U-P_U)}{P_H}=f.s. \cdots\cdots\cdots\cdots\cdots\cdots\cdots\cdots\cdots\cdots\cdots\cdots (7.1)$$

여기서 W는 제체(堤體)의 공중(空中) 중량, B_U는 정수 때의 양압력, P_H와 P_U는 수평 방향과 연직 방향의 파력, μ는 바닥면의 마찰계수, $f.s$는 안전율이다.

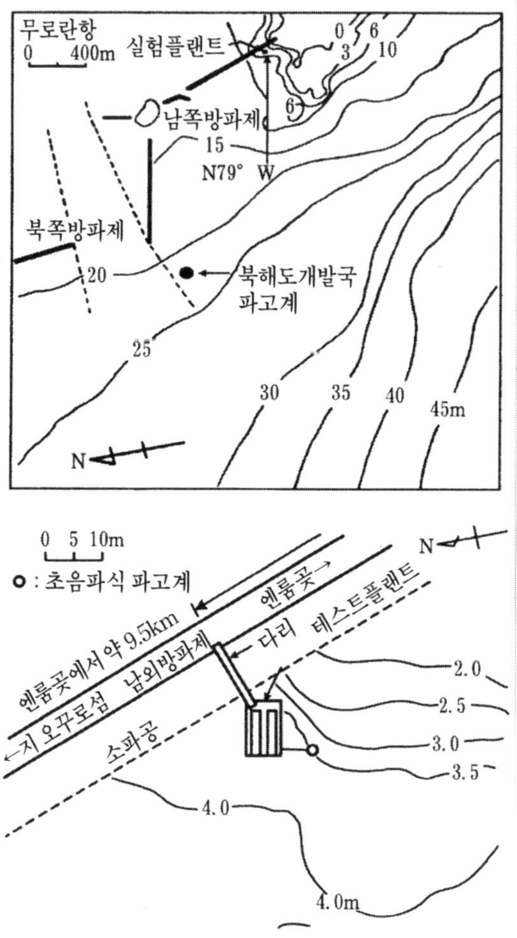

그림 7.3 무로란공대의 파력 에너지 실험 플랜트 위치

식 (7.1)에서 $f.s.$=1이라 할 때 얻어지는 한계중량 W_C는

$$W_c = \frac{P_H + \mu\,(B_U + P_U)}{\mu} \quad\cdots\cdots\cdots\cdots\cdots\cdots\cdots (7.\,2)$$

이러한 안정조건은 기본적으로는 그림 7.4의 개구 잠함에도

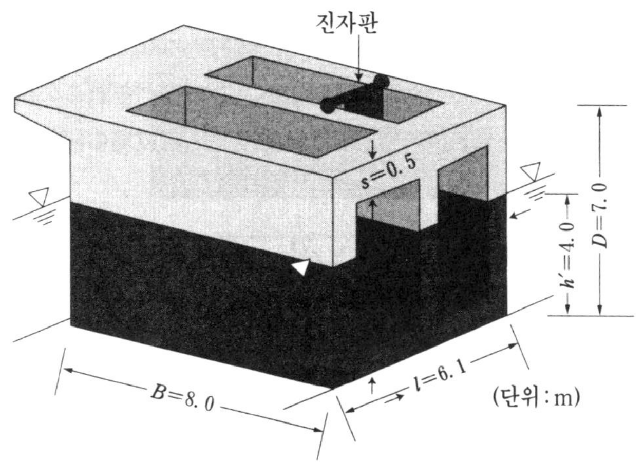

그림 7.4 무로란공대 테스트 플랜트의 잠함 모습

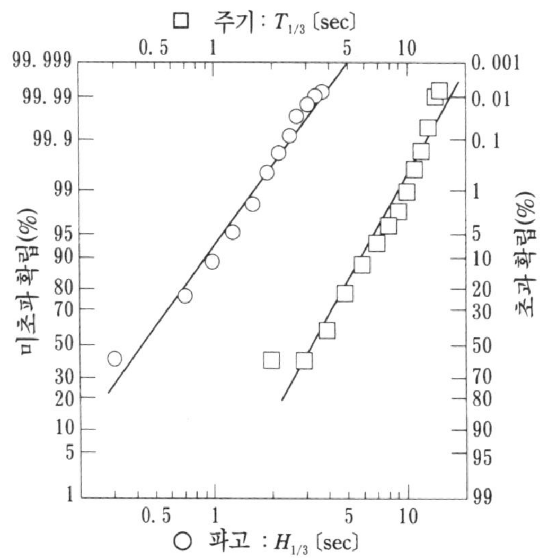

그림 7.5 무로란항의 파랑 초과 확률도(1982~87)

적용되지만 파력이 작용하지 않는 정지 수면 상태에서의 정수압 분포를 확인하여 둘 필요가 있다. 개구 잠함을 설치한 이후의 정수압 분포 상태 합력은 수평 방향이 제로이고, 연직

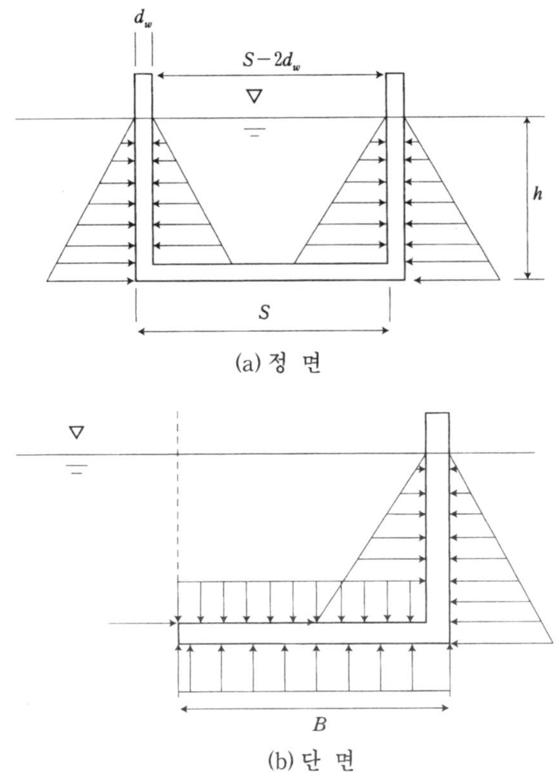

그림 7.6 개구 잠함의 정수압 분포

방향은 수중 부분에 작용하는 부력과 같다(그림 7.6). 파도가 작용할 때에 발생하는 파력은 이것을 기준으로 산정한다.

이것을 바탕으로 무로란공대 잠함의 경우 파력은 그림 7.7 에 도시한 바와 같은 세 가지 케이스가 고려되었으며, 그중에서 가장 불안정한 것으로 보이는 (a)의 케이스로 설계되었다.

여기서 쇄파대(碎波帶)를 대상으로 하고, 간편을 위해 히로이식을 적용하면 P_H와 P_U는 각각 식 (7.3), (7.4)와 같이 나타낼 수 있다(그림 7.7 (a) 참조).

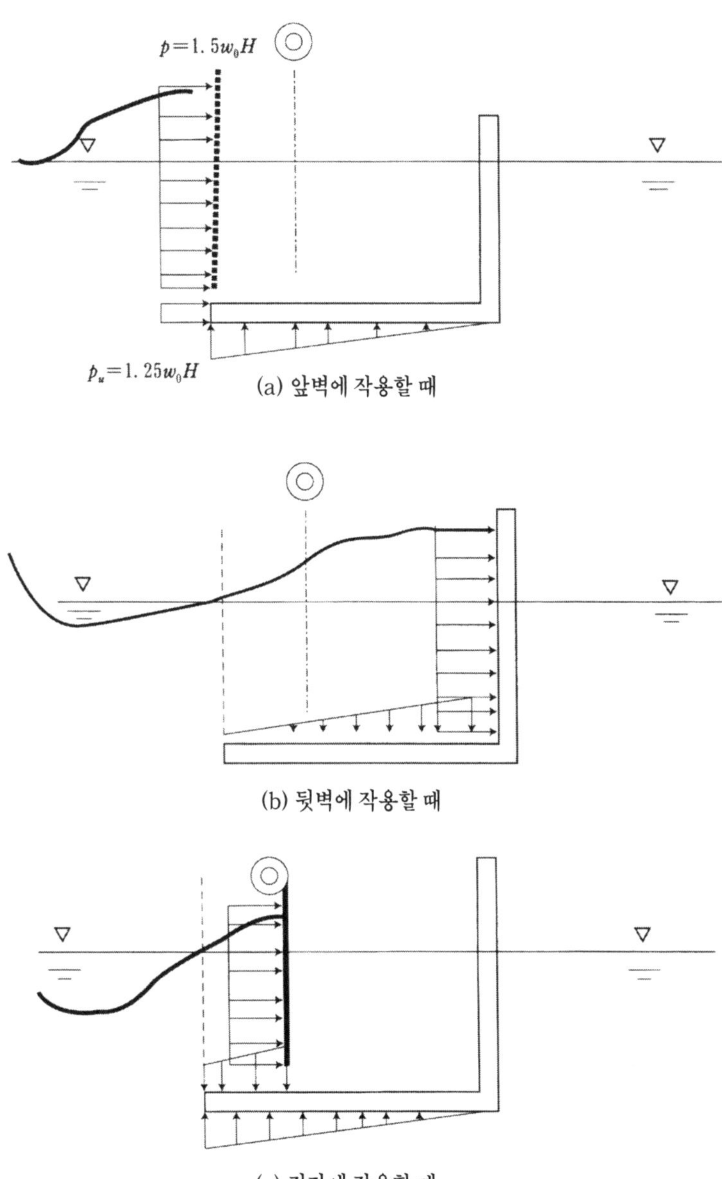

그림 7.7 무로란공대 파력발전 잠함의 파력 추정(1990)

$$P_H = pDS = 1.5w_0HDS \quad \cdots\cdots\cdots\cdots\cdots\cdots\cdots\cdots\cdots\cdots\cdots \text{(7. 3)}$$

$$P_U = \frac{1}{2}p_uBS = 0625w_0HBS \quad \cdots\cdots\cdots\cdots\cdots\cdots\cdots\cdots \text{(7. 4)}$$

여기서 D는 수평 파압(波壓)의 작용 높이, B는 제체의 바닥 넓이, S는 제체 길이이다(그림 7.7 ⓐ 참조).

또 제체 전체가 파도를 맞는 상태를 가정하면 정수 때의 부력 B_U와 양압력(揚壓力) P_U의 합을, 제체 전체에 가해지는 부력 B_T로 바꿔 놓을 수 있다.

$$B_T = w_0Vs = w_0W/\gamma \cdots\cdots\cdots\cdots\cdots\cdots\cdots\cdots\cdots\cdots\cdots\cdots \text{(7. 5)}$$

단, γ는 철근 콘크리트의 단위 체적당 중량($=2.54\,t/\text{m}^3$)이다. 그 경우 식 (7.2)의 W_C는 다음과 같이 된다.

$$W_c = \frac{P_H}{\mu(1-w_0/\gamma)} \cdots\cdots\cdots\cdots\cdots\cdots\cdots\cdots\cdots\cdots \text{(7. 2a)}$$

W가 주어진 경우의 안정 한계의 파고 H_C는 식 (7.2), (7.2a)에 대하여 각각 다음 식이다.

$$H_c = \frac{\mu(W-B_U)}{w_0S(1.5D+0.625B\mu)} \quad \cdots\cdots\cdots\cdots\cdots\cdots\cdots \text{(7. 6)}$$

$$H_c = \frac{\mu W(1-w_0/\gamma)}{w_0 1.5DS} \cdots\cdots\cdots\cdots\cdots\cdots\cdots\cdots\cdots \text{(7. 6a)}$$

양압력(揚壓力)이 동일하다고 하면 그림 7.7의 3 케이스 중에서 수평 파력이 가장 크게 되는 것은 ⓑ의 뒷벽에 작용하는 케이스이다.

$H=2\,\text{m}$로 하여 식 (7.2 a)로 계산하면

$$W_c = 266\,\text{ton}$$

이 되었다. 실물은 해안 쪽에 교대용 돌출부를 설치하였으므

로 $W=309\,\text{ton}$.

이 W에 대한 한계 파고를 식 (7.6a)로 계산하면 $H_c=2.3\,\text{m}$가 된다.

이 H_c에 대응하는 그림 7.3의 파고계 위치의 파고는 2.7 m이고, 그 이상의 발생 빈도를 그림 7.5에서 구하면 초과 확률이 약 0.1 %로서, 1시간마다 관측할 때 20년간의 발생 횟수는

$$(24\times365\times20)\times0.001=175회$$

이다. 이 결과로 보면, 파력은 설계값보다 상당히 작고, 따라서 한계 파고는 위의 값보다도 상당히 큰 것으로 추정된다.

7.3.3 진자식의 파력 실험

무로란공대에서는 진자식의 현지 실험과 병행하여 발전 잠함의 안정성을 조사하기 위해 2차원 조파(造波) 수로에서 진자판, 뒷벽, 바닥판에 작용하는 파력을 고정, 부하시, 무부하 상태에 대하여 조사하였다. 그 결과 상한값은 대략 다음 식으로 표현된다. 단, B는 제체의 바닥 면적, S는 제체 길이, D는 수평 파력의 작용 길이, h'는 수실 안의 수심이다.

(가) 진자에 작용하는 파력

$$
\left.
\begin{aligned}
&\text{(a) 고정 때} \quad P_{HP,\,F}=0.8\,(w_0 H h' S)\\
&\text{(b) 부하 때} \quad P_{HP,\,L}=0.35\,(w_0 H h' S)\\
&\text{(c) 무부하 때} \quad P_{HP,\,N}=0.25\,(w_0 H h' S)
\end{aligned}
\right\} \quad \cdots\cdots (7.7)
$$

(나) 뒷벽에 작용하는 파력

$$
\left.
\begin{aligned}
&\text{(a) 고정 때} \quad P_{HW,\,F}=0\\
&\text{(b) 부하 때} \quad P_{HW,\,L}=(0.7-0.6\,(h/L))\,[w_0 H h' S]\\
&\text{(c) 무부하 때} \quad P_{HW,\,N}=0.7\,[w_0 H h' S]
\end{aligned}
\right\} \quad \cdots\cdots (7.8)
$$

(다) 바닥판에 작용하는 파력

    (a) 고정 때 $P_{UB,\,F}=0.15\,[w_0 HBS]$

    (b) 부하 때 $P_{UB,\,L}=(0.4-0.6\,(h/L))\,[w_0 HBS]$ ……(7. 9)

    (c) 무부하 때 $P_{UB,\,N}=0.5\,[w_0 HBS]$

이 결과에 의하면 수평 파력은 진자식에서는 큰 순서로 고정, 부하, 무부하순이고, 뒷벽에서는 반대로 무부하, 부하, 고정 순이다. 그리고 바닥판에 작용하는 양압력은 무부하, 부하, 고정 순이다.

위에서 설명한 진자 고정 때, 부하 때의 고정작용 상황은 각각 그림 7.8, 그림 7.9와 같이, 또 무부하 때는 그림 7.7 (b)처럼 된 것으로 추정된다.

이와 같은 결과를 바탕으로 다니노(谷野) 등은 활동 합성 파력을 조사하여 활동(滑動)하기 쉬운 것은 무부하 때는 난바다를 향한 경우, 이어서 고정 때는 안향(岸向), 난바다향의 순으로 하였다.

무로란공대 잠함에 대하여 식 (7.7)~식 (7.9)에 의해서 안정 한계 파고를 계산하면

$$H_c=4\,\mathrm{m}$$

가 얻어진다.

이 H_c에 대응하는 파랑 관측지점에서의 파고는 4.8m이고, 그 초과 확률은 그림 7.3의 결과 약 0.001%로서, 20년간 이 H_c 이상의 파고 출현 횟수는 대략 2회이다. 이 횟수라면 20년간 출현했다 하여도 잠함은 안정성이 유지되었다고 추정할 수 있다.[7]

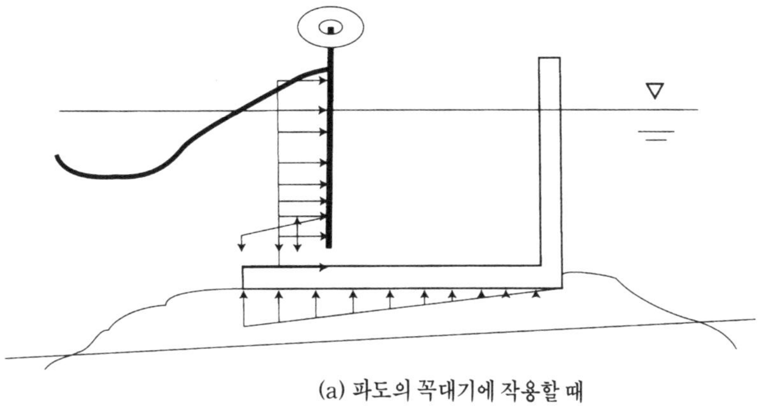

(a) 파도의 꼭대기에 작용할 때

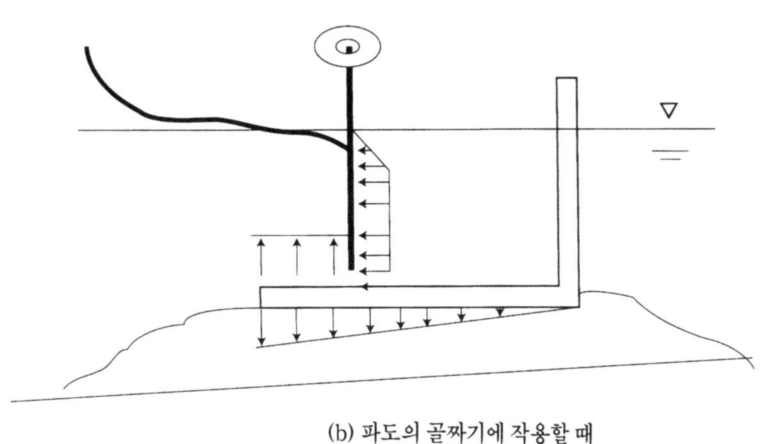

(b) 파도의 골짜기에 작용할 때

그림 7.8 진자 고정 때의 파력

7.3.4 개구 잠함의 파력 실험

우라시마(1999)[8]는 일반 잠함과 개구 잠함의 파력 차이를 조사하기 위해 2차원 수리 실험을 실시하여 전 파력을 측정

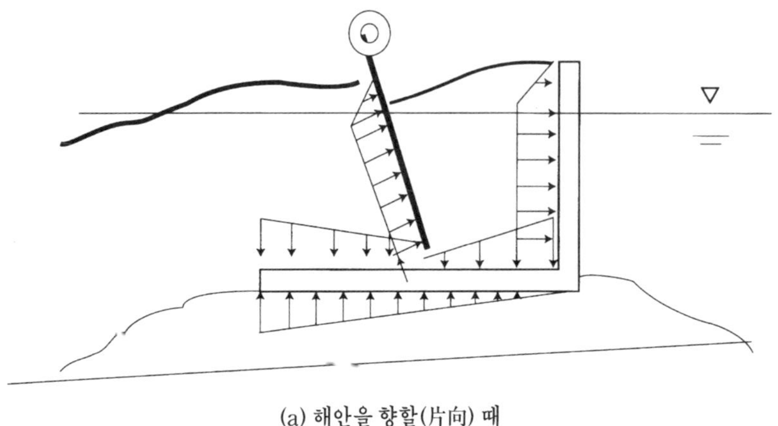

(a) 해안을 향할(片向) 때

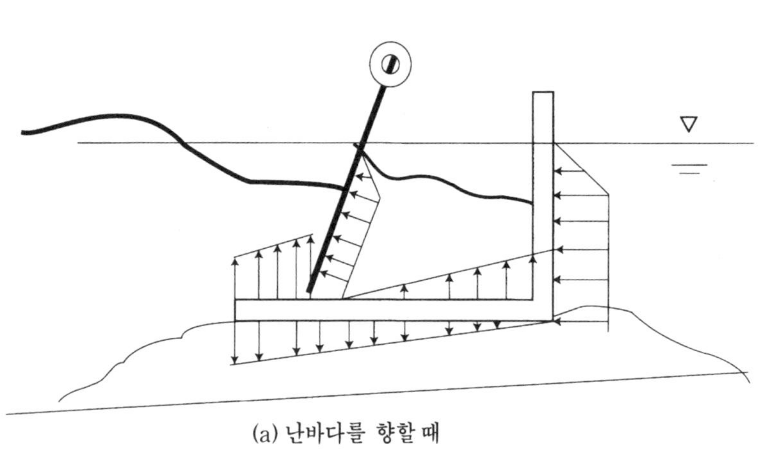

(a) 난바다를 향할 때

그림 7.9 진자 운동 때의 파력

한 특성을 조사하였다. 그 결과 일반 잠함의 경우는 수평 파력과 양압력의 최대값이 같은 위상에서 발생하는 데 대하여, 개구 잠함의 경우는 거의 역위상에서 발생하는 사실이 확인되었다. 또 합성 활동력은 $h/L_0 < 0.2$의 얕은 해역에서는 보통

잠함의 약 절반 이하로 되는 사실을 알았다.

이와 같은 개구 잠함의 파력 특성은 무로란공대 잠함의 경우, 무부하 때의 파력에 상당하므로 이 결과로 미루어서도 상기한 발전 잠함의 우수한 안정 특성이 증명되었다.

7.4 진자식 파력발전 잠함의 파력안정설계법

이제까지의 고찰을 바탕으로 진자식 파력발전 잠함의 파력은 아래 식을 제안한다. 여기서는 그림 7.4에 제시한 바와 같은 1실 잠함을 대상으로 하였다.

$$\left.\begin{array}{l} \text{수평 파력}: F_H = 0.8\,w_0 HDW \\ \text{연직 파력}: F_U = 0.2\,w_0 HBW \end{array}\right\} \quad\cdots\cdots\cdots\cdots\cdots\cdots\quad (7.10)$$

단, W는 제(堤)체의 길이 S, 벽 두께를 d_w로 할 때, 잠함 앞 벽에 작용할 때는 $(2d_w)$를, 뒷벽에 작용할 때는 $(-2d_w)$로 하여 어느 쪽이든 큰 쪽을 취하도록 한다.

또 D는 그에 대응하여 다음과 같이 취한다(그림 7.10).

$W=2d_w$ 에서는 $D=$ 잠함 하단에서 설계 수면상 $1.25\,H$ 혹은 잠함의 천단까지

$W=S-2d_w$에서는 $D=$ 수실 물밑에서 설계수면상 $1.25H$ 혹은 잠함 천단까지

수실이 N개 있는 진자식 발전 잠함에 대한 조건식은 우라시마 등에 의해서 제안되었다.

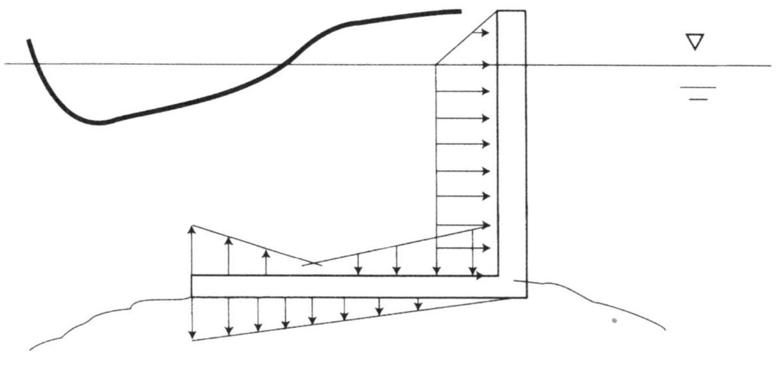

(a) 파도의 봉우리가 뒷벽에 작용할 때

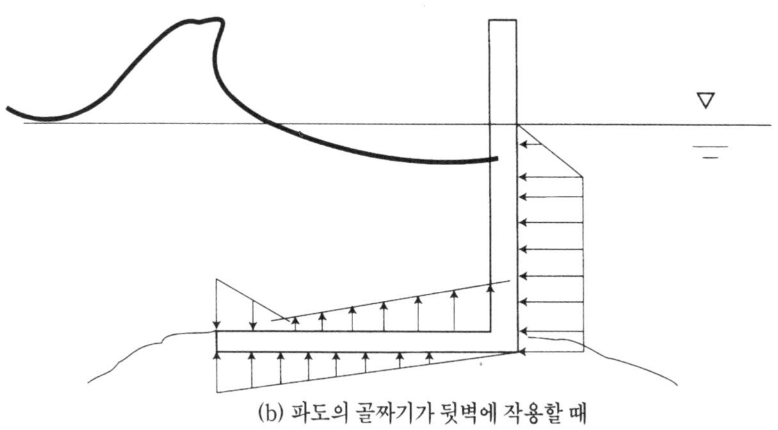

(b) 파도의 골짜기가 뒷벽에 작용할 때

그림 7.10 진자식 발전용 개구 잠함의 파력 분석

〈참고문헌〉

1) 富崎武晃・谷野賢二(1996)：4 『波浪』, 近藤 [編著], 『海洋エネルギ
ー利用技術』, 森北出版, pp.43-94.

2) 運輸省第 1 港湾局(1992)：「波エネルギー利用型防波堤」〔波力発
電防波堤〕

3) 社団法人国際海洋科学技術協会(2000)：沖合浮体式波力装置「マイテ
イーホエール」の実用化における国際展開に関する調査研究」報告書.

4) 北日本港湾コンサルタント(株)・(株)沿岸圏システム研究所(2002)：
「海洋エネルギー利用 調査研究」報告書.

5) 近藤俶郎 [研究代表者] (1985)：「沿岸固定方式による波浪エネル
ギー利用に関する研究」, 『科学研究費報告書(試験 2)』, 室蘭工大,
85p.

6) 谷野賢二(1992)：「振り子式波浪エネルギー変換装置の設計法に関す
る研究」, 『開発土木研究所報告』, 北海道開発局開発土木研究所,
97, pp.1-48.

7) 浦島・近藤・長内・谷野(2005)：「波力発電ケーソンの安定性の実証」,
海岸工学 論文集, 52.

8) 浦島三 (1999)：「スリット壁型防波構造物の消波効果と波力特性の
研究」, 室蘭工大 博士論文, 114p.

제 8 장

획득한 에너지 이용

8.1 에너지 획득지점

　파력 에너지는 다른 재생 가능 에너지와 마찬가지로 밀도가 낮고 비정상적인 에너지이다. 그런 연유로 변환되는 지점과 규모에 따라 획득할 수 있는 전력량과 용도도 영향을 받게 된다.
　제6장에서 기술한 시스템에 의해서 파력발전이 실시될 수 있는 지점은
　① 육상 또는 해안지역
　② 수심이 얕은 수역
　③ 수심이 깊은 난바다
　그리고 특수한 경우로는
　④ 낙도
로 크게 분류할 수 있다. 또 그 규모는 토지의 제약을 받게 되

표 8.1 획득 지점에 따른 파력발전의 특성

	육　상	얕은 바다	난바다	낙　도
파도의 파워	매우 작다	작다	크다	크다
발전소 규모	1MW 이하	1MW 이하	1MW 이하	1MW 이상
계통 투입	용이하다	비교적 용이	매우 어렵다	어렵다. 다른 에너지와의 복합 발전소
복합 이용에 적합한 다른 재생에너지	풍력, 태양, 바이오매스	풍력, 태양	부체식이면 왼쪽 난 외에 해조류, OTEC도 가능	수력, 지열, 바이오 등
환경측면의 이해	발전소 주변 해역의 염해	해수 오염	석박 통행 지장	염해

는 ①에서는 소규모로 건설하게 되겠지만, ④의 낙도에서는 10 MW 이상의 대규모 시설도 가능하다. ②는 중간 규모가 적절하다. ④의 낙도는 수요가 소규모이므로 화력발전은 적절하지 않고 경제적으로 파력발전이 유리하다. 파력발전의 지점별 특성은 표 8.1과 같다.

8.2 전력 이외의 용도

파랑 에너지를 변환한 후의 다음 과제는 그것을 어떠한 용도에 이용하느냐이다. 전력으로 변환하여 계통에 투입하는 것이 가장 일반적인 용도이지만, 전력 이외에 동력이나 열로 직접 이용하는 경우도 있다. 이 경우 파랑 에너지는 안정적이지 못하고 또한 규모도 작으므로, 그것을 유효하게 이용할 수 있는 장소와 용도도 제한을 받게 된다. 표 8.2는 규모와 용도별로 정리한 것이다.

표 8.2 연안 해역에서 변환된 파랑 에너지의 용도

에너지 이용 형태	이 용 항 목		
	소규모(<1000 kW)	중규모 (1000~10777 kW)	대규모(>10000 kW)
전기 이용형	○등대의 전원 ○항만의 경관 및 조명 ○해상에 설치된 리크레이션 시설의 전원 ○원양어선의 전원	○낙도의 일반 전력 ○해안 도로의 야간 조명 ○종말처리장용 공급 전원 ○전착공법에 의한 해중 물체의 구축	○해수의 전기분해 ○외양 입지형 화력·원자력발전소의 방파제 이용형 파력발전 ○난바다 인공섬 및 대형 낙도의 일반 전력
열 이용형	○어항 등의 제빙, 냉동, 냉각 ○어초의 히팅 ○해산물 처리 ○온수 공급	○화력발전소의 보일러용 급수 가열 ○낙도용 온수공급 ○항만, 어항의 도로 융설	○도로, 공항 등의 융설용 열원 ○일반 가정에 대한 온수 공급 및 난방용 열원
동력 이용형	○지반 개선용 전원 ○양식장 등의 산소 공급용 전원 ○방조벽 배후 등의 펌프 배수 전원	○펌프 등에 의한 해수 교환 ○공장용 해수 급수 ○양수용 펌프 전원 ○항만 내 결빙대책용 전원	○해수의 담수화 ○해양 목장의 동력 공급 ○해수의 양수발전 이용 ○해안부 표사대책(사이드 바이패스용)

8.3 다기능 시설로서의 파력발전

8.3.1 항만·해안시설과의 복합 이용

잠함을 사용하는 연안 고정식은 파도를 투과시키지 않으므로 항만 방파제 기능을 한다. 난바다로 나아가는 반사파에 대해서도 일반 직립 방파제보다는 작아도 된다. 즉, 에너지 흡수에 의한 소파효과(消波效果)가 있다.

모래밭(砂質) 해안에서 침식 대책용 투과성 이안제(離岸堤) 기능을 갖는 형식으로서는 진자식을 사용한 직립 시스템이 무

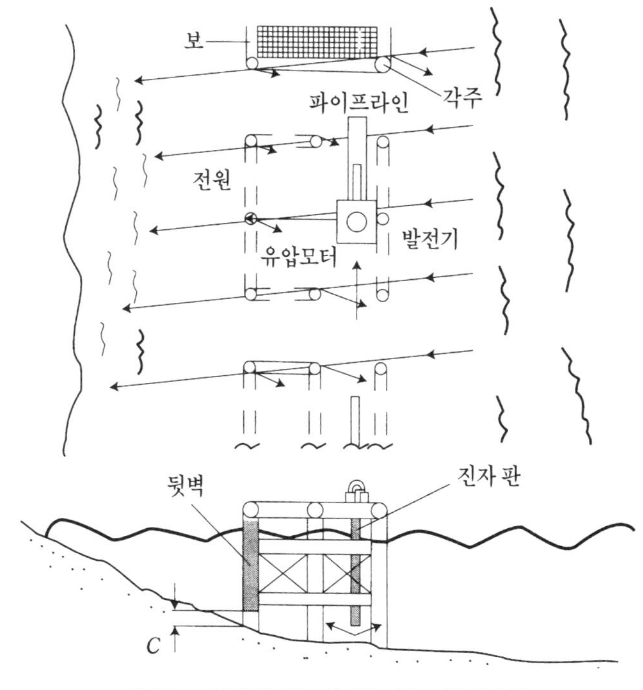

그림 8.1 이안제 기능이 있는 진자식 시스템

로란공대에 의해서 개발되었다(그림 8.1).

또 투과성 각주형(脚柱型) 이안제 내부에 설치한 진자식의
제안도 있다.

8.3.2 다른 재생 가능 에너지와의 복합 이용

풍력과의 복합 : 영국에서 개발한 OSPRAY(그림 8.2)는 OWC
상부에 풍차를 설치하여 풍력발전도 하는 것으로, 해안부 설
치에 적합하다.

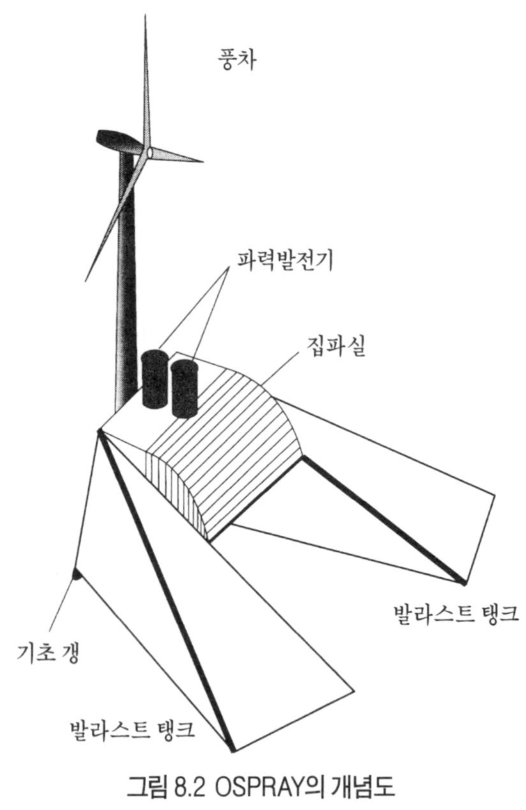

그림 8.2 OSPRAY의 개념도

작금에 이르러서는 풍차가 대형화되어 해상 풍력발전 시스템이 유럽 여러 나라에서 크게 보급되는 경향이 있다. 그 해양 기초 역시 대형화가 불가피하여 발전 코스트 중에서 기초에 들어가는 비용이 크게 늘어나고 있다. 일본의 kondo 등은 대형 해상 풍차의 해중 기초를 원형의 잠함으로 하고, 그 안쪽에 방사상으로 복수의 수실을 마련하여 진자식 발전을 하는 시스템을 제안한 바 있다(그림 8.3).

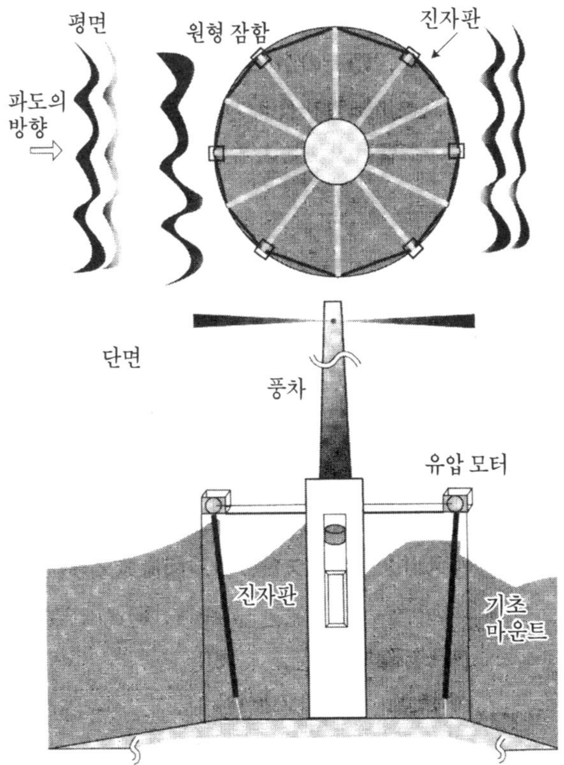

그림 8.3 해상 풍력발전의 기초를 이용한 진자 시스템 (안)

8.4 시스템 설치의 환경영향과 다른 산업과의 경합

여기서는 파력발전소가 설치되는 경우 주변 환경에 대한 영향과 다른 산업에 미치는 영향 등에 대하여 고찰하겠다.

제6장의 분류에다 설치점을 가장 중요시하여, 고정식을 해안에 부착하는 육상형과 얕은 해역에 설치하는 천해형으로 2분하고, 부유식을 난바다형으로 하는 도합 3 영역으로 분류한다. 또 에너지 흡수 방법으로는 실적이 있는 월파(越波) 이용식, 진동 수중식 및 가동 물체방식의 3방식을 다루기로 하겠다.

이 조합으로 얻어지는 9가지 형식 중에서 실용성이 높은 것으로 판단되는 육상(월파 이용식, 착저 OWC), 천해(착저 OWC, 물체운동), 난바다(부유 OWC, 물체운동) 등 계 6종류를 대상으로 한다.

대상으로 하는 환경 요소는 육상, 얕은 해역, 해안의 3영역에 대하여 물리적(파랑, 흐름, 표사), 생물적 및 시각적(육상에 국한)을 대상으로 상술한 6형식에 관하여 각각 검토하겠다.

(1) 육상

월파 이용식은 육상에서는 상당한 범위에 걸쳐 물리, 생물 환경을 열화시키고 주변 연안의 파랑과 흐름에도 영향을 미치지만 난바다에서는 거의 영향을 미치지 않는다. 착저식 OWC는 비말로 인하여 육상의 생물에 영향을 미치고 그 밖에는 공기 터빈으로 인한 소음도 크다.

(2) 얕은 해역

착저식 OWC의 환경영향은 (1)과 거의 같지만 육상과 해양에 대한 영향은 작은 편이다. 가동 물체식은 낮은 반사이므로 육상 환경에 대한 영향은 작다. 해안 쪽으로의 전달파를 저하시키므로 환경 개선 효과가 있고, 또 난바다 쪽으로의 반사도 낮으므로 영향은 작다.

(3) 난바다

부체식 OWC는 설치점 주변 해역에는 환경에 영향을 미치지만 그 밖에는 거의 영향을 미치지 않는다. 물체 운동식인 솔터 더크(영국)는 얕은 해역에서 파랑 환경을 개선할 수 있다.

위의 고찰 결과 물리적, 생물적 및 시각적 환경영향 정도를 4단계로 표시(환경 개선, 피해 무, 작은 피해, 상당한 피해)한 것이 표 8.3이다. 이 표에 의하면, 얕은 해역에서는 수실 안의 가동물체, 착저식 OWC 순으로 좋고, 난바다에서는 부체식

표 8.3 환경에 미치는 영향

환경/요소 위치/장치	육 상			얕은 해역		해 양	
	물리적	생물적	시각적	물리적	생물적	물리적	생물적
육안(陸岸)							
월파 이용식	×	×	×	×	△	○	○
착저식 OWC	△	△	×	△	△	○	○
얕은 해역							
착저식 OWC	△	○	○	○	△	○	○
수실 안의 가동체	○	○	○	◎	△	○	○
난바다							
부체식 OWC	○	○	○	◎	○	△	△
가동체	○	○	○	◎	○	△	△

기호 : ◎ 환경 개선, △ 피해 작음, ○ 피해 없음, × 상당한 피해

표 8.4 다른 산업과의 경합관계

환경/요소 위치/장치	육 상			얕은 해역		해 양	
	물리적	생물적	시각적	물리적	생물적	물리적	생물적
육안(陸岸)							
월파 이용식	×	×	×	×	△	○	○
착저식 OWC	△	△	×	△	△	○	○
얕은 해역							
착저식 OWC	△	○	○	○	△	○	○
수실 안의 가동체	○	○	○	◎	△	○	○
난바다							
부체식 OWC	○	○	○	◎	○	△	△
가동체	○	○	○	◎	○	△	△

기호 : ◎ 환경 개선, △ 피해 작음, ○ 피해 없음, × 상당한 피해

OWC, 가동 물체도 같은 평가이다.

파랑 에너지 이용 시스템이 연안 해역에서 실시된다면 같은 영역에서 실시되고 있는 다른 산업과의 경합이 문제가 된다. 표 8.4는 이 관계를 고찰한 것이다.

8.5 에너지 코스트 추정

8.5.1 발전 코스트

(1) 건설 코스트

발전 플랜트의 건설 코스트는 다음 식과 같이 건설비를 정격출력으로 제하여 구한다.

$$건설\ 코스트(원/kW)=\frac{건설비(원)}{정격출력\ [kW]} \cdots\cdots\cdots\cdots\cdots (8.1)$$

여기서 건설비란, 설비건설비, 엔지니어링비, 예비비, 용지대 등 건설에 관련되는 모든 비용을 포함한다.

(2) 발전 코스트

1kWh당의 발전 코스트는 다음 식으로 구한다.

$$발전\ 코스트\ [원/kWh]=\frac{[연간\ 고정비+연간\ 운전비]\ [원]}{연간\ 발전량\ [kWh]} \cdots (8.2)$$

여기서 연간 고정비란 차입금리, 감가상각비, 고정재산세 등으로 구성되고, 연간 운전비는 인건비, 유지 보수비, 세금, 보험료, 기타 제반 경비를 포함한다.

연간 발전량은 다음 식에 의해서 계산한다.

$$연간\ 발전량\ [kWh/연]=8760\ [hr/연]\cdot정격출력\ [kW]\cdot연간\ 가동률 \cdots\cdots\cdots\cdots\cdots (8.3)$$

8.5.2 토탈 코스트

위의 발전 코스트 P_g은 발전에 소요되는 비용으로 구하고 있다. 그러나 발전 과정에서는 발전하는 종류에 따라 어쩔 수 없이 환경을 열화시키는 경우가 있다. 즉, 화석연료를 사용하여 발전하는 경우는 CO_2 등의 배기 가스와 폐열 등이, 원자력발전에서는 방사성 폐기물이 환경을 열화시킨다. 이와 같은 발전에서는 그러한 환경 열화 요인을 제거하기 위해, 혹은 이미 열화시킨 경우에는 그 회복을 위한 비용을 계산하지 않을 수 없다. 이것을 환경 코스트 P_e 라 정의한다. 이와 같은 비용 외에도 사회적, 정치적인 코스트 P_s 도 고려한 알짜 코스트로 Kondo 등은 다음 식의 도탈 코스트를 제안하였다.

$$P_t=P_g+P_e+P_s \cdots\cdots\cdots\cdots\cdots\cdots\cdots\cdots\cdots\cdots\cdots\cdots(8.4)$$

환경 코스트로는 발전 과정에서 발생한 환경 부하의 변화를 복구하기 위한 코스트이다.

화력발전의 경우는 CO_2 등 폐가스 처리비가, 원자력 발전의 경우는 방사능 폐기물 처리 비용이 여기에 해당한다. 본 시스템의 경우는 그러한 나쁜 영향이 없고 오히려 해안 보전공사비를 경감시키므로 환경 코스트는 마이너스가 된다.

8.5.3 계산 예

진자식 파력발전의 코스트를 잠함형과 하이브리드형으로 구분하여 2001년에 일본에서 추정한 수치가 있다. 잠함형에 관해서는 지난날 무로란공대 그룹이 시산하였고, 근자에 이르러서는 Kondo(1996), Nagawochi(1999), Watanabe(2000) 등이 발표한 것이 있지만 설계조건과 추정 연수에 따라서도 지배된다.

여기서 이용하는 설계파는 표 8.5에 제시한 것으로 한다.

잠함형과 각주형의 추정 코스트를 표 8.6, 표 8.7에 예로 들었다. 각주형에 대해서는 각주 구조물의 비용은 포함하지 않았다.

표 8.5 설계파

수심	LWL하 5m
조수차	1m
평균파 파워	10kW/m
재현기간 15년 설계파	$H_{1/3}$=6m, $T_{1/3}$=10sec.

표 8.6 잠함형 진자식의 발전 코스트

(a) 설계조건

잠함 치수	길이 20m 바닥너비 10m
1기당의 입력파 파워	10×20=200kW
종합효율	0.55
정격출력	200×0.55=110kW

(b) 건설비

(단위 : ￥)

A : 구조물 건설비	145,000
B : 기계와 전기설비	50,000
C : 건설비 합계	195,000
D : 연간 고정비 (15년 가동, 이율 2%, 고정자산 세율 1.4%)	C×균등화 계수 =195,000×0.0861=16,790
E : 운전비	B×0.05=50,000×0.05=2500
I : 연간 경비	D+E=19,290
G : 연 발전 전력량	정격×가동률×365일×24시 =110×0.7×365×24=674,000kWh

(c) 전력 단가

$$F/G=19,290,000/674,000=28.6 \ [￥/kWh]$$

표 8.7 각주형의 발전 코스트

(a) 설계조건

1기의 치수	6×6m
1기당의 입력파 파워	5×10=50kW
종합효율	0.3
정격출력	50×0.3=15kW

(b) 건설비

(단위 : ¥)

A : 구조물 건설비	25,000,000
B : 기계와 전기설비	10,000,000
C : 건설비 합계	35,000,000
D : 연간 고정비(A를 제외) (15년 가동, 이율 2%, 고정재산 세율 1.4%)	B×균등화계수 =10,000,000×0.0861=861,000
E : 운전비	B×0.05=10,000,000×0.05=500,000
I : 연간 경비	D+E=1, 361,000
G : 연 발전 전력량	정격×가동률×365일×24시 =15×0.7×365×24=91,980kWh

(c) 전력 단가

$$F/G=1,361,000/91,980=14.8 \ [¥/kWh]$$

이 결과를 OWC 및 기타 자연 에너지나 화력발전과 비교한 것이 표 8.8이다. 표를 보면 파력발전은 다른 자연 에너지에 대하여 충분한 코스트 경쟁력을 가지고 있다. 그리고 발전 코스트 P_g에 환경수복 코스트 P_e, 사회 코스트 P_s를 더한 토탈 코스트 P_t에서는 화력발전보다 코스트가 낮은 것을 알 수 있다.

표 8.8 각종 발전 코스트와 토탈 코스트의 추정 [100¥=1000원/kWh]

에너지 종류		P_g	P_e	P_s	P_t	$P_m/P_{m,0}$	$P_t/P_{t,0}$
파	OWC / 육상형*	1700	−200	20	1520	250	76
	진자/잠함	286	−10.0	10	286	24	14
랑	진자/ P&W	148	0	10	158	12	8
풍력		156	16	20	186	13	9
태양광		350	0	0	350	29	17
석유화학		120	6	20	200	10	10

*피코섬(포르투갈)에 대하여 산출한 값(출처 : Mayer et. al)

8.6 실용화를 위한 과제와 적합지 선택

이제까지의 설명을 토대로 고찰할 때 파력발전을 일반적인 에너지원으로 실용하기 위해서는 표 8.9와 같은 과제와 대응책이 필요하다.

표의 기록들을 모두 감안할 때 경제적 측면에서 적합한 지점은 다음 순서와 같다.

1년 평균 입력 에너지는 연 평균 파고 H_a에 거의 비례하고,

표 8.9 파력 에너지 실용화의 과제와 대응책

과　　제	시스템의 대응책	이용상의 대응책
발전 단가가 높다 : 　우리 연안은 파력 파워가 낮으므로 코스트가 높고, 석유화력의 2배 이상이나 된다.	•파력 파워가 큰 지점의 선택 •고효율의 시스템을 채용 다른 종류(해상 풍력 등)와의 병용 •다목적(방파제, 인공섬) 구조로 한다.	•다른 발전의 코스트가 높은 지역이나 원격지(낙도 등)에서 발전 •발전소 근방에서의 이용(해상, 해변의 조명, 로드 히팅)
비정상 인력 : 　태양, 풍력보다는 여유롭지만, 비정상성이 강하고, 변환, 이용이 불편하다.	•평활화, 저장 시스템의 도입 •다른 에너지와의 복합 발전으로 평활화를 도모한다.	•비정상 이용(열, 동력, 수소) •폐기물 처리 등의 환경 보전용 에너지
원격지 발전 : 　전력을 소비하는 곳에서 멀기 때문에 송전 단가가 높다.	•주력 전력망으로의 계통 투입 •다른 에너지와의 복합 발전	•지역 산업용 열, 동력 공급 •해상 선박에 대한 에너지 공급
일반 전원으로 공인되지 못했다	•법적 정비가 필요	•수산업, 관광산업과의 협조

시스템 건설비는 구조물 설계파고 H_d(약 20년 확률 파고)에 비례하므로 식 (8.1)에서 (H_d/H_a)가 작은 지점일수록 코스트면에서 유리하다. 이것은 해안이 결정되면

① H_a에 대하여서는 굴절의 영향으로 파도가 집중하고, 파고가 커지는 지점

② Hd에 대하여서는 바다 쪽의 해저 구배가 작은 지점이다. 즉, 평상시에는 굴절의 영향으로 파도가 높지만 큰 파도가 몰려올 때는 난바다에서 쇄된 다음 감쇠되어 도달하는 지점이 유리하다.

다른 종류의 발전과 코스트 경합 측면에서 본다면 낙도에 적합지가 많은 편이다.

파력발전의 기술개발 연표

(1973~2004)

연도	실　　　　험
1973	• 중동전쟁, 제1차 석유파동
1974	• (영국) Salter, 부유식 가동 물체형 DUCK 발명
1975	• Falnes(노르웨이) 점 집중장치의 해석
1977	• 파력발전선 「*海明*」 제1기 실험(일본)
1979	• 파력 에너지 국제회의 Chalmers대 (스웨덴) • 무로란공대의 곤도, 와타베 등이 진자식 시스템 개발(일본)
1980	• Count편 : Power From Sea Waves 발간(영국)
1982	• Coventry대학(영국) Bellamy 등 SEA CLAM 개발
1985	• IUTUM 파력 에너지 심포지움(Lisbon, 포르투갈) • 쿠버너사(노르웨이) 다중 공명형 OWC(MOWC)500kW 및 350kW Toftenstallen에 설치
1987	• 덴마크 부이 1kW 현지 실험
1991	• Queen's 대학(영국) 스코틀랜드 ISLAY섬에서 육상형 OWC 75kW 실험
1992	• Seymour편, Ocean Energy Recovery. ASCE 발간(미국)
1993	• Torivandrum 잠함식 OWC. 150kW 설치(인도) • 1st EU 파력 에너지회의 Edinburugh(영국)
1995	• ART사(영국) 파력-풍력 하이브리드형 시스템 OSPRAY를 설치 • 2nd EU 파력 에너지회의(Lisbon) • ROSS(영국) : 「Power from Sea Waves」 발간
1996	• McCabe 펌프 Kilbahara(아일랜드)에서 실험
1997	• UN 온난화방지조약 국제회의(COP3)교토
1998	• 3rd EU 파력 에너지회의 Patras(그리스)
2000	• (영국)스코틀랜드 ISLAY섬에서 육상 OWC 500kW급 실용기, LIMPET 가동
2001	• 4th EU 파력 에너지회의 Aalborg(덴마크) Energytech사, Port Kembla (오스트레일리아)에 OWC 설치
2004	• Ocean Power Delivery Ltd. 스코틀랜드 Orkney 난바다에서 가동물체형 Pelamis의 해역 실험 • 5th EU 파력 에너지회의 Cork(아일랜드)

편저자 **정 해 상**
• 출판 · 과학 저술인
• 월간 「전기기술」 편집 · 발행인(1964~1984)
• 과학기술도서협의회 회장(1982~1986)
• 한국과학기술매체협회 회장(1987)
• 그린에너지연구회 간사(현재)

조력발전 · 파력발전

2014년 1월 10일 인쇄
2014년 1월 15일 발행

저　자 : 정해상

펴낸이 : 이정일

펴낸곳 : 도서출판 **일진사**
www.iljinsa.com
140-896 서울시 용산구 효창원로 64길 6
전화 : 704-1616/팩스 : 715-3536
등록 : 제1979-000009호 (1979.4.2)

값 15,000 원

ISBN : 978-89-429-1189-9